心理学是什么

——非心理学专业的心理学公开课

许 科 编著

全国百佳图书出版单位

图书在版编目（CIP）数据

心理学是什么：非心理学专业的心理学公开课/许科编著.—北京：知识产权出版社，2015.6

ISBN 978-7-5130-3719-8

Ⅰ.①心… Ⅱ.①许… Ⅲ.①心理学—通俗读物 Ⅳ.①B84-49

中国版本图书馆CIP数据核字（2015）第189886号

责任编辑：常玉轩　　　　　　　　责任校对：董志英
装帧设计：陶建胜　　　　　　　　责任出版：刘译文

心理学是什么
——非心理学专业的心理学公开课
许　科　编著

出版发行	知识产权出版社 有限责任公司	网　　址	http://www.ipph.cn
社　　址	北京市海淀区马甸南村1号（邮编：100088）	天猫旗舰店	http://zscqcbs.tmall.com
责编电话	010-82000860 转 8572	责编邮箱	changyuxuan08@163.com
发行电话	010-82000860 转 8101/8102	发行传真	010-82000893/82005070
印　　刷	北京科信印刷有限公司	经　　销	各大网上书店、新华书店及相关专业书店
开　　本	720mm×1000mm　1/16	印　　张	14.5
版　　次	2015年6月第1版	印　　次	2015年6月第1次印刷
字　　数	149千字	定　　价	36.00元
ISBN 978-7-5130-3719-8			

出版权专有　侵权必究
如有印装质量问题，本社负责调换。

本书受到国家教育部人文社会科学研究一般项目基金（12YJC630253）的支持。

序　言

我首次迈入心理学的大门至今已近二十年。记得当初在填报高考志愿时，我问班主任老师，心理学能做什么。班主任沉思了一会，神色凝重地告诉我，那是师范院校开设的一门公共课……

一晃二十年过去了，心理学的"公众形象"已经从一门师范专属学科，发展成为大众所关注、认可、熟知的领域。无论是在人文学科跨界交叉进行的科学研究中，还是在社会新闻、娱乐节目、热卖杂志中，都可以找到心理学的身影。二十年的时间，我自己也从心理学的门外汉，到忠实信徒，逐渐成长为一名心理学的研究者与传播者。时至今日，心理学更是渗透进我生活的方方面面——思考问题的方式、看待问题的角度、理解问题的落脚点都会带有心理学的印记。也因此对这个世界的理解显得入木三分，为人也多了一份豁达与平静。

我力争将这种心理学带来的"通透感"传递给我身边的人。在他们因为生活中的种种不如意而坐困愁城时，在他们对世事感到困惑不解时，用心理学帮助他们找到问题的答案，抑或至少找到问题出现的原因。而在追本溯源之后，即便问题不能得到立刻解决，他们也会多一份释然。

时间久了，我想让更多的人来分享这种感受，也因此产生了著书的想法。我不想用艰深晦涩的语言来彰显自己的学术水平，而是想用每个人都能理解的词汇，解释触手可及的生活。我选取了41个话题，它们可能是新近发生的新闻事件、网络热点，也可能是生活中时刻发生的平凡现象，并以此为切入点，用心理学的视角揭示它们产生的原因与机制。41个话题分为五章，按照"走向心世界"—"感受心世界"—"理解心世界"—"爱上心世界"—"成为你自己"的顺序展开。五章由浅入深，由低级到高级地对人的心理现象进行描述，最终落脚到个人的成长。41个话题整体看符合人们认知世界的过程逻辑，拆开来看，每个故事都自成一家，独立存在。

与同类的心理学专业书籍相比，在形式上，本书采用问题导向的叙事方式，以案例引出问题，用理论解释现象；在行文风格上，本书力避空洞，用简明的语言来说明问题，同时辅以大量例证，尽可能让读者不感到枯燥乏味，更容易理解吸收。本书是笔者将心理学的专业知识融会贯通，深入浅出的结果，"既能把薄书读厚，又能把厚书读薄"是笔者追求的目标。

与心灵鸡汤类的读物相比，笔者二十年的专业训练保证了语言与逻辑的科学精准，其中心理学最前沿研究成果的加入，更反映了本学科的发展动态。因此，本书适合对心理学感兴趣的读者作为入门读物，也适合高校非心理学专业的本科生、研究生、MBA，以及企事业单位管理者、人力资源管理从业者作为参考书。

由于水平有限，难免疏漏。敬请读者多提宝贵意见。

许　科

2015 年 5 月 15 日

目 录

第一章 走向心世界 ……………………………… （1）

1.1 神秘的心理学 …………………………………… （2）
　　——心理学与心理现象 ……………………… （2）

1.2 "兽孩"是怎样炼成的 ………………………… （7）
　　——客观现实与心理 ………………………… （7）

1.3 世界上最美的男人和女人 …………………… （11）
　　——心理的主观性 …………………………… （11）

1.4 走进黑猩猩群落的女子 ……………………… （16）
　　——心理学的研究方法 ……………………… （16）

1.5 古老而又年轻的心理学 ……………………… （22）
　　——心理学的历史 …………………………… （22）

1.6 梦，真的可以预测未来吗 …………………… （29）
　　——梦的真相 ………………………………… （29）

1.7 小白鼠是怎样学会按按钮的 …………………… (34)
　　　——行为主义心理学 …………………………… (34)
1.8 谷歌公司的"死亡福利" …………………………… (39)
　　　——人本主义心理学 …………………………… (39)

第二章　感受心世界 …………………………… (45)

2.1 没有感觉，世界将会怎样 ……………………… (46)
　　　——感觉的产生过程与意义 …………………… (46)
2.2 我的鼻子失灵了 ………………………………… (51)
　　　——感觉适应 …………………………………… (51)
2.3 品酒师的"超级舌头" …………………………… (56)
　　　——感受性与阈限 ……………………………… (56)
2.4 虹膜手机，不会丢失的手机 …………………… (61)
　　　——视觉的形成 ………………………………… (61)
2.5 为什么戴着耳机唱歌常常会跑调 ……………… (66)
　　　——听觉的形成 ………………………………… (66)
2.6 用手按摩刺激早产儿，他们的体重会
　　 快速增加 ………………………………………… (70)
　　　——触觉的妙用 ………………………………… (70)
2.7 看到阳光的温暖 ………………………………… (75)
　　　——神奇的联觉 ………………………………… (75)
2.8 是"13"还是"B" ………………………………… (80)
　　　——知觉的特性 ………………………………… (80)

目录

第三章 理解心世界 ……………………………（87）

3.1 心理活动的"指挥员" …………………（88）
——注意的特性与作用 ………………（88）

3.2 明星是怎样被偷拍的 …………………（93）
——注意的分类 ………………………（93）

3.3 飞行员的注意力到底有多强 …………（99）
——注意品质 …………………………（99）

3.4 记忆冠军的超级大脑 …………………（103）
——记忆术 ……………………………（103）

3.5 哆啦A梦的"记忆面包" ……………（108）
——遗忘规律 …………………………（108）

3.6 福尔摩斯的强大"武器" ……………（112）
——思维的特性 ………………………（112）

3.7 "左撇子"该不该被纠正 ……………（117）
——左右脑的分工 ……………………（117）

3.8 可信男人长啥样 ………………………（122）
——思维的种类 ………………………（122）

3.9 解决问题时的思维"陷阱" …………（127）
——问题解决 …………………………（127）

第四章 爱上心世界 ………………………… (133)

4.1 "情绪""情感"和"感情"是一回事吗 …… (134)
——情绪与情感 ………………………………… (134)

4.2 看穿一个人的识人术 ……………………… (139)
——表情与微表情 ……………………………… (139)

4.3 莫让情绪伤害你 …………………………… (144)
——情绪的调整与控制 ………………………… (144)

4.4 什么才是完美的爱情 ……………………… (150)
——爱情三角论 ………………………………… (150)

4.5 如何才能让爱情地久天长 ………………… (155)
——爱情经济论 ………………………………… (155)

4.6 爱她，就带她去走吊桥吧 ………………… (161)
——爱情的生理反应 …………………………… (161)

4.7 一见钟情靠谱吗 …………………………… (165)
——爱情中的心理效应 ………………………… (165)

4.8 我失恋了，我该怎么办 …………………… (170)
——失恋的应对 ………………………………… (170)

第五章 成为你自己 ………………………… (175)

5.1 个性决定命运 ……………………………… (176)
——个性结构 …………………………………… (176)

5.2 你心中的三个小人 ………………………………（181）

　　——本我、自我和超我 ………………………………（181）

5.3 韦小宝凭什么可以娶到七个老婆 …………………（187）

　　——环境对个性的影响 …………………………………（187）

5.4 重赏之下必有勇夫吗 ………………………………（192）

　　——动机的激发 …………………………………………（192）

5.5 为什么贾宝玉爱上林黛玉，而非薛宝钗 ………（197）

　　——价值观 ………………………………………………（197）

5.6 西游记师徒四人，成功的团队组合 ………………（202）

　　——气质 …………………………………………………（202）

5.7 别被 A 型性格压弯了腰 ……………………………（208）

　　——性格与健康 …………………………………………（208）

5.8 "最强大脑"周玮，天才还是智障 …………………（213）

　　——能力与天才 …………………………………………（213）

第一章 走向心世界

1.1 神秘的心理学
——心理学与心理现象

提起心理学,许多人立刻会想到"神秘"二字。心理学家都会催眠吗?学心理学的人都能看透别人的心思吗?梦可以预知未来吗?心理学和星座、血型、塔罗牌有没有关系?心理医生是不是多少都有点不正常?人们对这些问题的好奇和一知半解造就了心理学"神秘"的形象。然而,翻开一些心理学入门书籍,人们却不难发现,心理学似乎在探讨视觉、听觉、记忆、思维、性格、行为这些看起来平常无奇的东西。那么,心理学到底研究什么?如何揭开它的神秘面纱呢?

心理学的研究对象是人。凡是与人有关的东西都被包含在其中。从人脑的功能、神经的结构,到人的感觉、知觉、记忆、思维、情感都是心理学的研究对象。除了研究个体的问题之外,心理学还研究人与人之间的问题,包括人际关系、人际沟通、爱情等。当然,以上所讲都是些常态的问题,心理学还会研究一些非常态的现象。当大脑功能病变，心理机能异常，人际关系不良，如何改良这些病态现象也是心理学的责任。

这样看来，心理学的研究内容似乎五花八门，包罗万象。其实，总结下来，心理学的研究内容不外乎两部分——心理现象和行为规律。具体说来，就是要研究心理现象发生、发展的规律，以及这些心理现象和外在行为之间的联系。比如，心理学研究性格，会探讨影响性格形成的因素，也会探讨性格的结构，并会将不同性格者的行为特征进行一一对照。那么，利用这些研究结论，企业管理者可以做到人职匹配，才尽其用；教育者可以因材施教，扬长避短；人们也可以借此更好地了解自己，了解他人，融洽人际关系；年轻人还可以借此找到适合自己的人生伴侣。总而言之，心理学就是研究人的心理现象的科学，人的行为和其背后心理活动规律是心理学主要的研究内容。

为了全面理解心理现象，你可以从心理过程、心理状态和个性心理入手。一个刚刚出生的婴儿是不具备社会生存能力的。他首先要学会用自己的眼睛、耳朵、手等去感知这个社会，理解这个社会，这种对客观事物由表及里，由现象到本质的认识过程被称为感知过程。

在认识社会的过程中，人会产生种种需要，例如吃喝拉撒的需要，安全、尊重的需要等，如果需要得到满足，人就会产生喜悦的积极情绪，如果没有被满足，就会产生愤怒、忧伤等消极情绪。这个过程被称为情绪情感过程。

当然，人不会只是被需要牵着鼻子走。有时当环境条件不允许时，人们依然会调用自己的意志力，克服内部和外部的困难，力求实现目标。这个过程被称为意志过程。心理过程就包括了知、情、意这三个部分。

此外，人们会发现，在不同的时间或条件下，同样的心理过程会因为人们所处的心理状态不同，有完全不同的感受，有时耳聪目明，有时却视而不见或充耳不闻。注意是一种积极的心理状态，它能帮助人对信息进行选择和集中，它是心理过程得以完成的必需前提。

如果说心理过程反映了大多数人的"共性"特点的话，那么个性心理则体现了人与人之间的不同。小时候，孩子们喜欢找与自己有共同兴趣爱好的人一起玩；青少年时期，理想成为主导成长的动力；成年后，价值观成为行为的最高指挥棒。这些需要、动机、兴趣、理想和价值观等决定了人们对客观事物的态度和趋避，因此被称为个性倾向性。

个性倾向性多是在个体的成长过程中逐渐发展起来的，因此受到后天环境的影响比较大。而先天遗传因素对个性心理的影响主要表现在能力、气质和性格三方面。《水浒传》中的一百单八将各个特色鲜明。卢俊义擅长棍棒骑术，吴用擅长神机妙算，戴宗能够日行千里，时迁能够飞檐走壁，表现出能力的不同；李逵豪爽直率，林冲隐忍寡言，燕青灵活善思，表现出气质与性格的不同。正是这些特点综合在一起，才形成《水浒传》中个性鲜明的人物形象，让读者印象深刻。能力、气质、性格集中反映了一个人的心理面貌，被称为个性心理特征。

总结下来，心理现象包含的内容及其之间的关系可以体现在图1.1中。

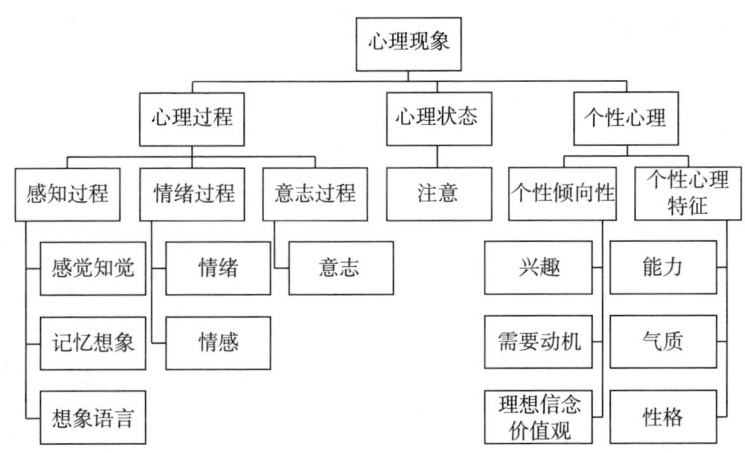

图1.1 心理现象总结分类

对心理现象及心理规律进行研究可以从理论层面促进心理学的发展，如果想让心理学在社会生活中发挥作用，还要和各个专业领域相结合。心理学从诞生之日起就表现出了强大的亲和力。心理学家将心理学理论应用到社会生活的方方面面，形成了诸如管理心理学、教育心理学、军事心理学、消费心理学、经济心理学等诸多交叉学科。这些跨学科的探讨为应用学科开辟了独特视角，理论心理学的研究成果也为应用心理学的发展提供了保障。

由此看来，心理学并不神秘，它与每个人的生活息息相关。如果你是一个善于观察、善于思考的人，是一个对生活充满好奇心，对变化比较敏感的人，那么心理学也许会成为适合你的终生事业；当然，如果你仅仅想消除自己内心的苦闷，或是想问个为什么，那么心理学也可以成为你的良师益友，你很有希望从心理学中得到帮助。

1.2 "兽孩"是怎样炼成的
——客观现实与心理

提起"兽孩",大多数人首先想到的可能就是"狼孩"。1920年,在印度加尔各答东北一个名叫米德纳波尔的小城,人们常见到有一种"神秘的生物"出没于附近森林:一到晚上,就有两个用四肢走路的"像人的怪物"尾随在三只大狼后面。人们在打死大狼后,在狼窝里发现了两个由狼抚育长大的女孩,其中大的7~8岁,被取名为卡玛拉;小的2~3岁,被取名为阿玛拉。后来她们被送到一个孤儿院去抚养。阿玛拉于第二年死去,卡玛拉一直活到1929年。

狼孩刚被发现时,生活习性与狼一样:用四肢行走;白天睡觉,晚上出来活动,怕火、光和水;只知道饿了找吃的,吃饱了就睡;不吃素食而要吃肉;不会用手拿,只会将肉放在地上用牙齿撕咬;不会讲话,每到午夜后像狼似地引颈长嚎。经过7年的教育,卡玛拉才掌握了45个词,勉强学几句话,开始朝人的生活习性迈进。她死时估计16岁左右,但其智力只相当3~4岁的孩子。

可见，客观环境对人的心理的成长有多么的重要。狼孩原本也有机会和你我一样成长为正常人，但遗憾的是，在他们生长发育的关键期错过了人类对其大脑的合理开发，取而代之的是"狼"的影响，最终其作为人的正常心理没有得到发展，"人性"被"狼性"取代。即便再次将其带回人类社会，损伤已然不可逆转。

因此，人类心理的产生与发展必须有客观现实和社会环境作为基础。

人之所以成长为人，首先有赖于先天遗传因素。人类的基因已经为细胞发育编制了程序，它使得人发展成为一个人，而不是一条鱼、一只鸟或一个猴子。它还决定了人的皮肤和头发的颜色，身体的大小，性别，并在一定程度上决定了智力和气质。也恰是因为如此，狼孩虽然在狼窝里生存多年，但是从外表上，他们并没有长出浑身的长毛，尖耳朵或者长尾巴，依然保持了人的模样。除此之外，基因密码还默认了各种心理机能出现的时间——人们总是先发展感知能力、运动能力，再逐渐发展出语言能力、思维能力等。一般情况下，这样的顺序和时间不会发生变化。

然而，仅凭基因是远远不够的。狼孩姐妹具有人类的基因，只为她们成为真正的人提供了可能，客观环境中人类影响的缺失使得她们错过了心理发展的关键期，最终长成了一个"披着人皮的狼"——保持人的外表，却拥有着狼的内心。因此，客观现实是人类身心发展的重要保障。

第一章 走向心世界

客观现实是指自然界和社会生活中的一切事物，以及人与人之间的全部社会关系。有了一草一木作为客观现实，人才可能产生视觉，看见蓝天碧草，莺歌燕舞；有了听众作为客观现实，演讲者才可能看清他们脸上的表情，及时调整自己的语言与思路；甚至一些高级的心理过程，比如想象，也要依靠客观现实才能完成。

中国古典神话小说《西游记》中骁勇善战的英雄形象孙悟空是作者想象出来的。孙悟空会驾筋斗云，具有七十二般变化，有一根鬼见愁的金箍棒，孙悟空凭着这三样法宝上击天庭，下降妖魔，几乎无所不能。但是时至今日，孙悟空的这点本领与当代一些"英雄人物"相比显得就有点落伍了。电影《变形金刚》中的主人公擎天柱也会飞，但他使用的是火箭推助器；他也会变，但依靠的是部件精密咬合带来的变形；他也降妖除魔，但他依靠的是导弹、大炮等高端武器。《西游记》诞生于明代，当时的社会环境下是没有这些高端科技的，因此作者吴承恩也无法想象出来。而现代科技飞速发展为人们的想象插上了翅膀，也为这些动画人物的诞生提供了客观现实的保障。2015年揭晓的第87届奥斯卡"最佳动画长片"《超能陆战队》中，就充满了现代科技的元素，其中令人眼花缭乱的高科技都可以在现实生活中找到其影子，有兴趣的科技迷可以尝试一下。

客观现实是人心理活动的源泉和内容，一旦脱离了客观现实，人的正常心理便得不到发展。从幼年就完全脱离了人类社会文化背景的儿童，其成人后的心理活动能力与一般动物无异：不会说话，智力低下；没有自我意识，不能区分镜像和自己的关系；没有完整连贯的长时记忆。重返社会后，经过有计划的社会教育的培养，虽然他们的智力有所发展，但都不能恢复到常人的一般水平，对于他们脱离社会环境的那段生活也不能保持记忆。即便是早年受过一段文明教育、年龄稍大几岁（3～5岁）的儿童，长期被遗弃而脱离人类社会，也会发生人的心理特征的退化现象。

脱离客观现实不利于心理成长，错过关键期也会影响到心理的正常发展。关键期也称敏感期或最佳期，在这个时期学习某种本领，或者发展某种心理品质会相对容易，而一旦错过关键期，学习则变得非常困难，甚至变得不可能。例如，出生到3岁是视觉发展的关键期，1.5～2岁是口语发展的关键期，3岁是培养性格的关键期，4岁以前是形象视觉发展的关键期，5岁是幼儿掌握数的概念、进行抽象的数的运算的关键期。因此，两三岁的孩子在美国学英文比成人要容易得多；四五岁的孩子学习轮滑比成年人快得多。

因此，作为家长，一方面在孩子成长的过程中要给他机会多看多听多感受，不要因为怕脏、怕受伤、怕麻烦等将之圈禁起来，剥夺他感受外界环境的机会；另一方面要根据关键期，有顺序有安排地对孩子进行培养，既不拔苗助长，也不错失良机。

1.3 世界上最美的男人和女人
——心理的主观性

想知道世界上最帅的男人和最美的女人长什么样吗?

据英国《镜报》2015年3月30日报道,研究人员使用电脑合成软件E-fit模拟出了英国人眼中"最帅的男人和最美的女人"。英国面部研究专家克里斯·所罗门博士详细调查了英国民众对于美的看法,在综合大多数人的意见之后,利用警方专用的EFIT-V PhotoFit软件,耗时两个月完成了"最美人脸"合成。该软件考虑了嘴唇厚度、鼻子的长宽以及发际线高低等因素,并最终形成了如图1.2所示的两张照片。

这两张照片是否符合你心目中"最美"的标准呢?或许你在心里默默摇头,或者你觉得不过如此。其实,所罗门博士自己也说,这仅仅代表了英国人的审美,如果是亚洲人或者非洲人来投票,肯定又会有不一样的结果。

看来,美感这种心理现象带有浓重的主观色彩。

图 1.2 世界上最美的男人和女人

其实，不仅仅是美感，任何一种心理现象都是人脑对客观现实的主观反映。人脑对客观现实的反映，不会像镜子与物体相互作用那样照搬照抄，而是一种积极的、能动的反映过程。心理的能动性表现在两方面。

一方面，人脑会结合以往的知识经验，主动地把外界的客观事物转化为主观的东西，表现在感觉、知觉、思维等心理过程中。因此，对于同一个对象进行认知和判断，不同的人往往会得到完全不同的结论。

同样是20度的气温，有的人已经换上了春衫，有的人还裹着冬装，反映出人们温度感觉的主观差异；同样是一副抽象派的油画，有的人看出了热烈，有的人感受了苍凉，反映出人们想象的主观差异；同一部小说或者电影作品，有人观后感动得热泪盈眶，有的人感受平平，反映出人们思维的主观差异。

以美感为例，成语"环肥燕瘦"形容女子形态不同，各有各好看的地方。这其中的"环"与"燕"表面上指代的是唐朝贵妃杨玉环与汉朝皇后赵飞燕,但背后代表的却是汉唐两代不同的审美观。汉朝以瘦为美,据载美女赵飞燕体态玲珑,舞姿轻盈,每次迎风起舞都有一种衣袂翩翩,随风而去之感,大受汉成帝喜爱。唐朝以胖为美,杨玉环体态丰腴,凝脂胭华,她精通音律,也是一位舞蹈高手。只不过杨玉环的舞蹈与赵飞燕风格不同,她精通胡旋舞,跳舞时身段飘摇,翻跃如风,令人眼花缭乱。试想,如果让两位美女"穿越"到对方的朝代,恐怕不仅不能得到皇帝的宠爱,甚至有可能沦为他人的笑柄。

美感的主观性和历史性在清朝进一步得到彰显。裹足之风始于北宋,明代开始兴盛,清代的缠足之风蔓延至社会各阶层的女

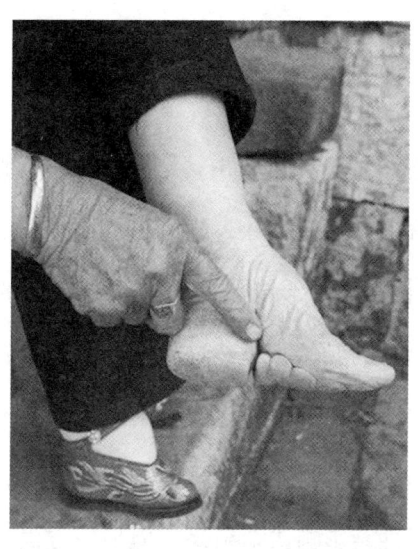

图 1.3 "三寸金莲"的真面目

子。清代女子从四五岁开始就用布帛紧束双足，使足骨变形，脚形尖小成弓状，最终形成"三寸金莲"。清代女子因为脚小且严重变形，无法长时站立，更不能远行，只能在家里足不出户，走起路来摇摇晃晃，如弱柳扶风。这些都被当时的人视作美的象征。而从今人的视角来看，畸形的"三寸金莲"不仅毫无美感可言，而且还透露出摧残妇女、禁锢妇女的变态社会价值观。由此可见，美感带有社会性、历史性、主观性的浓烈特征。

当然，心理现象是人脑对客观现实的主观反映，但并不是随意反映，更不是毫无规律可循。个体以往的知识、经验和成长背景等为主观反映圈定了范围，指明了方向。有一个笑话这样讲：一年冬天，秀才、县官和财主在酒楼喝酒赏雪，喝到兴起决定即景吟诗。具有浪漫主义情怀的秀才首先念道："大雪纷纷落地"，短短几个字渲染出银装素裹的世界，县官摇摇官帽接道："正是皇家瑞气"，寥寥几语把秀才的诗情画意升华出了吉祥的意向。财主虽然胸无点墨，但家财万贯。大雪封门正是他放贷牟利的好机会。于是，财主挺一挺大肚，颇有底气地说道："再下三年何妨"，恰巧这时候楼下一个老农经过，听到他们的对诗，气得接了下去："放你娘的狗屁"！虽然这是个笑话，但四个人的四句话却描绘了一幅生动的社会图画，表明不同背景、不同阶级的人对于"下雪"这样一个客观现实有完全不同的心理反映。

心理的主观性会影响认知结果，但另一方面，人们还会把自己主观认知的结果付诸行动，影响实践。在 2014 年底热播的电视连续剧《武媚娘传奇》中，人们惊奇地发现，2015年元旦之后播出的剧集相比之前的剧集，在画面上有了很大变化，女演员胸部以下镜头全被删减，只留下了脖子以上的部分，被网友调侃为"武大头传奇"。为什么一部"连续"剧的画面居然"不连续"了呢？广电总局回应，在该剧播出之后，收到不少观众投诉，反映该剧演员装束暴露，并存在一些不利于未成年人健康成长的画面。因此，广电总局下令该剧"回炉"重剪。不仅画面变了，其中一些"不利于未成年人健康成长的画面"也被删除。无独有偶，该剧在香港播出时，也考虑到了社会影响，虽然没有"剪胸"，但香港电视广播有限公司却花重金对画面进行了后期处理，令人脸红心跳、夺人眼球的"露胸装"被一件件小背心遮盖起来。

其实，如果研究一下唐朝的服饰不难发现，电视剧中的这种装束确有唐朝服饰的影子。盛唐时代有袒领，即领口开得很低，早期只在宫廷嫔妃、歌舞伎者间流行，后来连豪门贵妇也予以垂青，如周昉的《簪花仕女图》，以及周渍的"惯束罗衫半露胸"都是描绘这种装束。这种服饰在以思想开放著称的唐代也许是一种流行风尚，但是如果将之添油加醋搬上荧屏，就不见得会被认为是好事了。当不同的观众，尤其是家长、未成年人看了之后，他们可能会对这种服饰颇有微词，而这种认知结果最终决定了该剧被停播重剪的命运。由此可见，人的社会实践、知识经验会影响到人们对客观事物的主观加工，但同时这些主观认知又会反过来对人类的行为和实践产生影响。

1.4 走进黑猩猩群落的女子
——心理学的研究方法

珍妮·古道尔1934年出生于英国。她从1960年开始就单枪匹马深入非洲，闯入了观察黑猩猩这个从来没有人尝试过、也没有人敢尝试的科学领域之中。最初，黑猩猩对这位闯入其领地的白人纷纷躲避，珍妮只能在500米开外观察它们。为了求得黑猩猩的认同，珍妮露宿林中，吃黑猩猩吃的果子，在茂密的热带雨林当中穿梭爬行，她也遇到过黑猩猩对她的威胁，但她临危不惧，化险为夷。她还一天天轻手轻脚地跟在黑猩猩群后，模仿黑猩猩的动作和呼叫声，仿佛自己是黑猩猩中的一员。她甚至救助过一只受伤的小猩猩，并把它安全送回群落。珍妮的辛苦没有白费，15个月后，黑猩猩们对珍妮的存在终于习以为常，即使珍妮坐在它们身边，它们也懒得多看她一眼。

黑猩猩群落对珍妮的接纳为珍妮观察人类的近亲黑猩猩提供了绝佳机会。珍妮发现，人类绝非唯一会使用工具的动物，黑猩猩也会使用工具；黑猩猩也并非素食动物，它们和人类一样，属于杂食动物；情感也并非人类所独有,黑猩猩之间表达感情的时间远多于觅食……珍妮·古道尔在热带雨林里对黑猩猩的观察第一次揭开了黑猩猩王国的奥秘,弄清了黑猩猩群落内部的复杂结构,以及它们的亲缘关系、等级关系,这对人们研究自身,以及物种的演化提供了宝贵的第一手资料。

图1.4　珍妮·古道尔在野外观察黑猩猩

珍妮·古道尔所用的方法被称为**观察法**。它是指在自然条件下,在一定的时间内,通过人的眼睛、耳朵等感觉器官或录音、录像等科学仪器,按照已经设计好的目标和步骤,来考查和描述人的各种外在的心理活动和行为,从而搜集研究资料的一种方法。珍妮·古道尔是在自然情境中对人或动物进行观察,属于自然观察法。与之相对应的,在人为控制的预设情境中进行的观察被称为控制观察法。控制观察法有利于探讨事物内在的因果关系。但缺点在于,如果被观察者发现自己处在几双眼睛的监视之

心理学是什么

下，可能会造成行为失真，或者出现作假的情况。为了避免这种情况发生，现代科技打造了一种"行为观察室"，通过微型摄像头、微型麦克风、单向玻璃等设施对人进行观察，在不知不觉中获得自己想要的东西。

图 1.5 儿童行为观察室

（注：背后的镜框为安装单向玻璃的观察窗，房顶四角安装有微型摄像仪）

观察法的优点在于保证了观察内容的真实性，但是它最大的缺点在于只能被动等待心理现象发生，并且观察的结果很难重复验证。实验法则很好地弥补了这个缺憾。**实验法**是指有目的、有计划地控制条件，使被试产生某种心理活动，然后进行分析研究，以得出心理现象发生的原因或起作用的规律。该方法最大的特点在于可以人为地控制、操纵实验条件，找出人的行为和其背后心理原因之间的因果关系。

"霍桑实验"可谓是管理心理学领域的经典。美国芝加哥西部电器公司所属的霍桑工厂是一个制造电话交换机的工厂，具有较完善的娱乐设施、医疗制度和养老金制度，但工人们仍愤愤不平，生产成绩很不理想。为找出原因，研究者们开展实验研究。起先，研究者们认为，影响工人生产效率的是疲劳和单调感，提高照明度有助于减少疲劳，提高生产效率。可是经过两年多实验发现，无论照明度增强还是减弱，实验组和控制组都增产，工作效率与照明强度没有关系。之后又进行了福利实验，目的是查明福利待遇的变换与生产效率的关系。但经过两年多的实验发现，不管福利待遇如何改变（包括工资支付办法的改变、优惠措施的增减、休息时间的增减等），都不影响产量的持续上升。这时，研究者们意识到，真正影响工作效率的可能不是福利待遇和物质环境，而是人们内在的心理因素。据此，研究者开展了访谈实验，在两年多的时间里，让工人对工厂管理制度的不满提出意见，工人的不良情绪得到了宣泄，结果产量大幅提高。

在这个实验中，为提高产量而采取的各种措施（改变照明强度、改变福利待遇、进行访谈）是自变量，生产效率是因变量。研究人员通过实验找到了引发生产效率变化的主要因素。

除了实验法之外，调查法是心理学研究的又一常用方法。调查法分两种，一种是霍桑实验中用到的**访谈法**，另一种是测验法。尺子可以量出物体的长度，杆秤可以称出物体的重量，要想对看不见摸不着的心理进行测验，则需要一个心灵的准绳。这个准绳就是行为。心理学家将大量代表着某种心理特质的行为汇集在一起，就形成了**心理测验**。根据每个人在测验中的得分，就可以判断出他在总体中的相对位置。

一个心理测验的形成需要进行大量的前期工作，不仅在题目的遣词造句上要精细推敲，而且还要通过预测和修订，使得测验的可靠性和有效性达到一定的标准。不过，在当前的社会环境中，一些人为了迎合大众口味，胡乱将一些很离奇的题目拼凑在一起，并冠以博眼球的名字，美其名曰"心理测验"。在误导大众的同时，也让大众对心理学的科学性产生怀疑。

以上三种方法是所有心理学分支领域都会用到的方法，还有一些方法则是某些独特的分支学科常用的方法。如在教育心理学领域常用到纵向追踪研究法和横向对比研究法。前者是在不同的时间里对相同被试进行的研究，后者则是在相同的时间里对不同被试进行的比较。例如，美国加州大学心理学教授贝利，从1929年开始，以61个初生婴儿为对象，连续追踪观察了36年之久，通过个体数据的纵向对比发现了人的智力发展规律。如果使用横向比较法，则不需要花费36年。只需要为这36个年龄段找到每个年龄的被试若干，同时测验他们的智商，并进行对比。这样做就可以推断随着年龄的发展，个体智力趋势的变化了。不过这种方法相比前者，更容易受到时代变迁因素及个体差异的影响。

心理学研究方法的每一次进步都会带来心理学发展史上的一

次革命，近年来脑功能成像技术，如功能性磁共振成像技术（fMRI）的发展为心理学研究大脑的奥秘带来了新契机。掌握前沿的研究方法，并将研究话题与研究方法合理匹配是心理学获得长足发展的重要一环。

1.5 古老而又年轻的心理学
——心理学的历史

心理学界流传这样一句话,心理学是一门既古老又年轻的科学,它有着悠久的过去,却只有短暂的历史。这句话听起来似乎前后矛盾,但却是心理学发展史的生动描述。说它古老,是因为人类探索心理现象已经有两千多年的历史,说它年轻,是因为它登上历史舞台只有一百多年的时间。这样一门继承了先人的深厚积淀,又在当下表现出旺盛活力,发展迅速的学科曾经走过了一条怎样的道路呢?

心理学是在哲学和生理学发展的基础上,经过不断探索、研究而发展起来的。纵观历史,人类对人性的了解,比起科学知识的产生要晚得多。在西方文明史中,最古老的涉及心理学问题的著作是荷马的诗集《伊利亚特》和《奥德赛》。虽然书中讲述的是爱情与战争的故事,但却包含了对人类行为的解释。之后的哲学家们针对灵魂、认识论、人性三个话题进行了苦苦的思索——

灵魂存在吗？它的性质如何，有哪些功能？人类如何认识世界？人的本性是怎样的？这些问题都成为后来心理学研究的发端。

17世纪，法国哲学家笛卡尔提出了"反射"的概念，并提出了身心分离的二元论，他的观点对心理学的发展产生了重要影响。之后直到19世纪，经验主义的哲学思想深刻影响了心理学的发展，洛克将后天的经验划分为外部经验和内部经验，前者指的是来源于客观世界的感觉，后者指的是思维、情绪等内部活动，并提出了"简单的观念是由感官经验而来"的观点，这与后来科学心理学有关心理现象的研究有了某种程度的契合。

如果说在哲学怀抱中的孕育使心理学的思想得到了丰富发展，那么，来自于生理学方法上的推助，则将心理学真正从幕后带到台前。德国生理学家缪勒对神经细胞特殊功能的探讨，赫尔姆霍兹测得了神经冲动的传导速度，费希纳创立的心理物理学方法，韦伯在感觉阈限方面的贡献都极大地推动着心理学从之前哲学思辨的范式中走出，以科学、量化的手段进行全新视角的探讨。

任何一门学科的创立都不是偶然。经过在哲学怀抱中的孕育，生理学方法的推助，1879年，冯特在德国莱比锡大学建立了世界上第一个心理学实验室。这一事件被公认为科学心理学的开始，冯特被称为"心理学之父"，也是心理学史上第一位真正意义上的心理学家。他所著的《生理心理学原理》一书也成为第一本心理学著作。心理学终于脱离哲学的襁褓，以独立的姿态登上了历史舞台。

心理学像个流浪儿，一会儿敲敲生理学的门，一会儿敲敲伦理学的门，一会儿又敲敲认识论的门，直到1879年它才成为一门实验科学，有了一个安身之处和一个名字。

——G. 墨菲

图1.6　心理学之父冯特

心理学一经独立，立刻显露出非凡的生命力。之前埋藏在哲学怀抱中的心理学思想纷纷涌现出来，或独树一帜，或另辟蹊径，都在用自己的声音对人的心理进行着解释。一时间，世界上大大小小的心理学流派多达十几个，呈现出百家争鸣的态势。这些不同的流派在不断争论的过程中，也在不断融合，最终形成最负盛名、最有影响力的三大势力——精神分析、行为主义与人本主义。

精神分析学派的一个显著特点是，它并非源于心理学，而是产生于精神病学。这与该学派的创始人密不可分。弗洛伊德首先是作为一名精神病科医生出现在公众面前的，在接触了大量精神病患者的案例之后，他从实践中总结出了一套自己的学说。精神分析学派在产生之初饱受争议，之后逐渐被越来越多的信徒们支持，直至今日，精神分析学派关于人类意识结构的分析已经渗透到了心理学、精神病学、文学、电影等各个领域。弗洛伊德也因其特殊的贡献被称为"20世纪影响人类文化的最著名学者"之一。

图1.7　精神分析学派创始人弗洛伊德

精神分析理论十分复杂,其中影响最为深远、最核心的理论,早期主要是潜意识理论、梦的解析和泛性论,后期主要是人格结构说和本能说。这些理论的详细内容将会在后面的章节中具体论述,但总体来看,精神分析学派强调无意识观念、生物本能和社会需求之间的冲突,以及早期家庭经历的影响。精神分析认为先天的生物本能,尤其是性冲动和攻击冲动,往往与社会需求不一致,会影响人们思维、体验和行为的方式。

精神分析产生于欧洲,主要对欧洲心理学产生影响。而在美洲大陆,行为主义成为现代心理学的主要流派之一,1913年由华生创立。**行为主义**认为,心理学不应该研究无法触及的意识,而应该将可观察的行为作为研究对象。行为主义强调环境的决定因素,关注人的行为与环境的交互作用。利用行为主义取向的原则可以更好地改变行为。华生有一段名言:"请给我十几个强健而没有缺陷的婴儿,让我放在我自己设计的特殊世界中教养,那么,我可以担保,在这十几个婴儿中,我随便拿一个来,都可以训练其成为任何专家——无论他的能力、嗜好、趋向、才能、职业及种族怎样,我都能够训练他成为一个医生,或一个律师,或一个艺术家,或一个商界首领。"这段话展现出行为主义学派的特点,但也成为其他学派攻击它的靶子。行为主义完全忽略了人自身生理和心理因素的影响,机械还原论倾向严重,使得心理学成为"没有心理的心理学"。因此,在其之后,在20世纪30年代,以托尔曼为代表的"新行为主义"对之进行了修正,将个体自身内部的因素加入其中，也被称为早期的认知学习理论。

如果说20世纪前半世纪是精神分析和行为主义的天下，那么从50年代开始，人本主义开始登上舞台。第二次世界大战后，美国经济繁荣，人们的基本生活需要基本得到了满足，于是人们产生了更高级的精神追求。人本主义因此在美国应运而生。**人本主义**认为，人既不是像小白鼠一样的低级动物，也不是由潜意识控制的患者，而是要求自我实现的健康人。所以，正常人、健康人应该是心理学主流的研究对象。推动人本主义心理学思潮发展的主要有马斯洛和罗杰斯，人本主义也被称为心理学界的"第三大势力"。

人本主义认为，个体是能够独立自主控制自己生活的，他们既不是无意识驱动力的奴隶，也不会受到外在奖励的控制，而是以追求自我实现和健康人格为根本动机。心理学应该帮助人们挖掘蕴藏在人性中的无限潜力，改善环境和创设条件以利于人的潜能充分发挥。受到这种思潮的影响，2000年，心理学家又进一步提出了"积极心理学"的概念，强调心理学应该对个体积极的主观体验，如希望、幸福、乐观，积极的特质，如爱的能力、创造性，积极的价值观，如责任感、宽容进行研究。人本主义，及其"以人为本"的理念至今都有着深刻的影响。

最后，以中国网球运动员李娜为例，来体会一下三大流派的不同。

精神分析：

李娜的童年是怎样的？她脾气火爆，情绪不稳与她童年经验有何关系？

行为主义：

她的成长环境是怎样的？哪些环境因素造就了她最终的成功？

人本主义：

李娜的巨大潜能是如何被发掘出来的？她的意志力是如何形成的？

1.6 梦，真的可以预测未来吗

——梦的真相

在中国民间有一本流传很广的书籍《周公解梦》，里面对七类梦境蕴含的意义进行了解释。在古人看来，梦是神的指示或魔鬼作祟，它可以预示未来。在我国的文化中，有关梦的故事更是不一而足，诸如：庄生梦蝶、黄粱一梦、梦笔生花、南柯一梦等，这些都是为人们津津乐道的故事。即使在现代化的文明社会里，仍然有着对梦的诸多迷信。那么，《周公解梦》准不准，或者说它有没有科学根据呢？

要想回答这个问题，就要首先了解梦的来源。近现代心理学与神经科学的研究已经揭开了梦的神秘外衣。梦是一种心理现象，其生理基础是大脑产生的化学递质在不同部分传导，产生的生物电刺激。梦的内容是人潜意识中本能欲望和冲动的反映。而潜意识来源于人的生物学本能和过去经验。不同背景和经历的人由于潜意识的差异，梦到相同的内容，其含义可能是不同的。《周公解梦》成书时代古人的生活环境、文化氛围、知识水平、经济条件、意识形态等与现代人有着天壤之别，其潜意识中的内容也一定与今人大相径庭,那么古人今人梦到同样的东西,其含义怎么可能相同呢?现代人又怎么可能去按图索骥,拿几千年前的思想诠释今天的故事呢?从这个意义上说,《周公解梦》确实不能作为当代人理解梦境的依据。

有没有可以用来释梦的理论或书籍呢?西方有一本关于梦的著作享誉全球,它曾被翻译成几十种文字,为人们所共知。它与达尔文的《物种起源》、哥白尼的《天体运行论》并称为导致人类三大思想革命的经典之作。它就是1900年出版的、弗洛伊德所著的《梦的解析》。那么,这本书有何独到之处,它对梦是如何解释的呢?

弗洛伊德对梦的解释建立在其"潜意识理论"基础上。弗洛伊德用漂浮的冰山来指代意识领域的三个层次。他认为,意识最外层的部分,一般指自觉的心理活动,即人对客观现实的自觉的反映,也就是有意识的反映。意识是随时可以直接被感知的心理部分,它负责调节进入意识的各种映像,压抑心理中那些先天的、动物性的本能和欲望。在冰山模型中,意识是裸露在水面以上的冰山部分,是可以见到的部分。

在水面以下不可以见到的部分是冰山的主体,它被称为**潜意识**。潜意识是被压抑的欲望和本能冲动,这些冲动和欲望因不被风俗习惯、伦理道德、法律所容而得不到自由表现,被压抑或排斥到意识领域之下。虽然它们被深深地隐蔽、压抑下来,平时不能被人意识到,但由于它们具有强烈的心理能量,经常在潜意识中仍然活跃着，以求满足。

在潜意识和意识之间有一部分担负着督查任务的意识结构，被称为**前意识**。它是指潜意识中可以召回的、人们能够回忆起来的经验。前意识的功能就是阻拦潜意识中的本能和欲望随便侵入意识之中。这个"警察"平时尽忠职守，但是偶尔，当"警察"丧失警惕时，先前被压抑的本能或欲望就会绕过前意识的看守溜进意识层面。由于潜意识深知自己的内容为社会所不容，因此它们在出现时，总要乔装打扮，以变相的形式出现在意识中。精神病、口误、梦等就是它们迂回渗入意识的形式，而梦就是潜意识中本能欲望在意识领域内的变相满足。

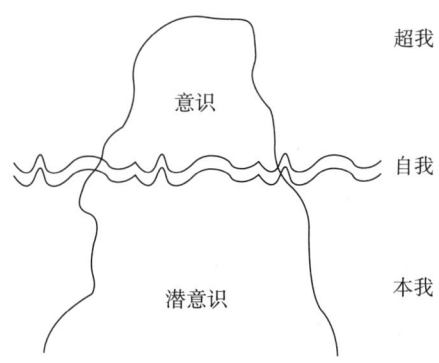

图 1.8　弗洛伊德的冰山模型

在弗洛伊德看来，所有的梦都有它的意义，而不仅仅是一种单纯的生理活动。梦所表达的意义分为"显意"和"隐意"。显意是指梦本身的内容所表达的意义，而隐意是指表面内容背后，做梦者真正想要表达的意思。显意是潜意识乔装打扮的结果，隐意代表的则是潜意识本身。梦的解析就是要透过显意，找出隐意。

人们平时在做梦时常有这样的体会，梦有时是以最近几天印象比较深刻的事情为题材，所谓"日有所思，夜有所梦"有一定道理；但大多时候，那些醒着的时候绝对想不起来的童年记忆、已经逝去的人却在梦里像翻旧账一样被大肆翻出来，这是为什么呢？

梦是潜意识中内容的体现，童年经历看似已经被遗忘，但实际依然存在于潜意识当中。当近几天的经历、情绪、感受与过去的某件事、某个人有了某种联系时，梦就会联系过去与现在，将潜意识中的愿望、冲动等加以"改装"表现出来。这种改装需要四种机制的加盟。

首先是**凝缩作用**。梦境往往是简练的、片段式的，而深藏在其中的涵义却是丰富的，需要深刻解读的。心理学家只有在对做梦者的过去经历全面了解的基础上，才能挖掘出片段梦境中的"隐意"。第二是**转移作用**。有些情节在梦中占有重要的篇幅，但在解梦时却没能得到大力解读，原因就在于一些冗长的情节可能是为了淡化或掩饰梦中真正想要表达的重要东西。第三是**象征化**。梦里的很多东西都是具有象征意义的。如皇帝和皇后通常代表做梦者的双亲，所有长的物体，如木棍、树干、高楼等代表男性的性器官，中空的物体，如箱子、炉子、橱柜代表的是女性的子宫，梦中的小动物、小虫子代表的是小孩子，如果在梦中被小虫纠缠,就象征着怀孕。最后一种作用是润饰。当做梦的人在陈述所梦内容的时候,多半会有意无意地对情节进行修改,甚至添枝加叶,使故事听起来比较合理。

有这样一个案例,一位女性报告了这样一个梦境。她梦到自己站在一栋摩天大楼之下,仰头往上看,却发现大楼摇摇欲坠,瞬间坍塌,自己被压在瓦砾堆之下,呼吸困难,动弹不得。在对该女士的童年生活进行探寻之后发现,这位女性有个严苛的父亲,童年期的她并没能从父亲那里得到疼爱。在长大成人之后,她嫁给了一个酒鬼丈夫。每日酗酒之后,轻则谩骂,重则拳脚相加。在这个女士的心中,充满了对男性的恐惧与仇恨。但是在当时的社会环境下,这种感情被深深地压抑下来。以至于在面对询问时,她甚至不认为自己对父亲和丈夫怀有愤怒。这种潜意识的感受在梦境中得以表现。她所梦到的摩天大楼是男性性器官的象征,被压在瓦砾堆下则意味着她一直以来受到男权的压迫。

在这个解释过程中人们不难发现,"性欲"是出现频率很高的一个词汇。弗洛伊德认为,人的整个心理活动都逃不开性的本能和欲望的控制,"性欲"是一切行为的幕后指挥。当然,精神分析中所谓的"性"是一个广义的概念,它指的是驱动人获得快感的所有力量,包括口欲的满足、父母子女间的感情的满足等都被称为性满足。在这里,人的终极目标是获得快感,生殖不过是次要目的。

1.7 小白鼠是怎样学会按按钮的

——行为主义心理学

如何才能让孩子从小就喜欢读书，热爱学习呢？美国心理学家斯金纳曾做过一个实验。斯金纳在一个箱子里放进一只小白鼠，小白鼠没有经过任何训练，箱子里也没有多余的设施，只有一根杠杆。杠杆与一个箱外的传动设备相连，只要小白鼠按压杠杆，就会有一团食物掉进箱子下方的盘中，小白鼠就能吃到食物。经过一段时间之后，小白鼠居然学会了主动按压杠杆觅食。对此，斯金纳解释说，对于小白鼠而言，主动按压杠杆是期望看到的反应，食物是一种强化刺激，食物每次都在小白鼠按压杠杆之后出现，这是对小白鼠反应的"报酬"。强化刺激使反应得到加强。学习的本质就是反应的改变，而强化刺激的正确使用可以使这种反应的改变更加迅速，更加牢固。那么，回到开篇的那个问题，如何使小孩子喜欢读书，热爱学习呢？

不妨介绍一个小经验，这个事情要从孩子学龄前不识字的时候做起。把孩子喜欢得到的零花钱、卡通画、游乐场门票、巧克力等散放在书房的各个角落里，最好能夹在书本中间。让孩子自己到书房去找。这样做的目的不是让他看书，而是让他每打开书的时候，都会有喜悦、惊喜等正面的情绪，让他在"开卷"与"开心"之间建立起联接。时间久了，尤其在他长大之后，每次看到书都有一种莫名的愉悦感，自然就爱看书、爱学习了。当然这种训练愈早愈好，上小学之后孩子接触的书本越来越多，感受也越来越复杂，这样的训练就不一定有效果了。当然，利用这个手段，还可以训练小孩爱劳动，培养丈夫爱做家务，规范企业员工的行为，具体怎么做，你想到了吗？

斯金纳与前文提到的华生都是行为主义的代表人物。华生强调，每个人的行为都完全由自己所处的环境来操纵，人们可以像巴甫洛夫训练狗那样，靠建立条件反射来塑造人类的任何一种行为。

1914年，华生做了一个著名的实验，被称为"可怜的小艾尔伯特"实验，也叫儿童恐惧实验。在实验之前，华生详细检查了一个9个月大的婴儿小艾尔伯特的情况，拿给他白鼠、白兔、猴子、狗、毛绒玩具等，小艾尔伯特很喜欢这些东西，不时地去触摸它们。和大多数孩子一样，这些东西不会让他恐惧。之后，华生给小艾尔伯特一只白鼠。他像往常一样很喜欢，正准备去触摸时，华生躲在小艾尔伯特的身后，突然敲出一声巨响。小艾尔伯特吓哭了。这样的情况连续出现了十多次，每次小艾尔伯特尝试去接触白鼠，都会被一声巨响吓得大哭。之后，小艾尔伯特再也不敢靠近白鼠了。每当看见白鼠，他都露出恐惧的情绪，甚至在看到圣诞老人、白色毛皮大衣等白色毛茸茸的东西的时候，他都产生了恐惧反应。

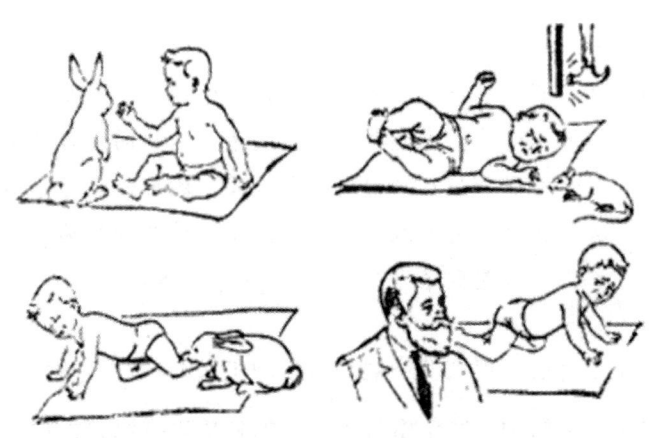

图1.9　华生的恐惧实验

如果用现代的眼光来看，华生的实验是有违伦理道德的。但是在当时的环境下，心理学研究的伦理问题并没有摆到桌面上来。华生的实验说明了人类行为的可控制性，这在当时是具有进步意义的。

斯金纳作为新行为主义的先驱，继承了华生的观点，并对之进行了修改和补充。斯金纳认为，科学就应该只测量那些可观察的行为，而不应该去测量头脑中那些无法观测的东西。他提出了"操作性条件反射"的概念，他认为，如果一个操作发生后，接着给予一个积极的强化刺激，那么该操作再次发生的概率就大大增强；在一个已经通过条件化而增强的操作性活动发生之后，没有强化刺激物出现，活动再次出现的概率就大大削弱；如果一个操作发生后，接着给予一个消极的强化刺激，那么，很快这种操作就消失了。

根据这一原理，斯金纳先后使用了小白鼠和鸽子进行实验，通过操作强化刺激使他们学会了按压杠杆。他甚至对鸽子进行训练，让鸽子在流水线上充当"质检员"，只要看到不合格的零件，鸽子就会啄一下面前的按钮。鸽子替代了人进行工作。

斯金纳还在各个领域大力推广他的操作性条件反射理论。在企业管理领域，他提出要建立严格的奖惩制度，让工人在该做的行为和奖励之间建立联结，在不该做的行为与惩罚之间建立联结，以此来规范工人行为。在教育领域，斯金纳提出了一种新型的教育模式，并研制设计出了一种教学机器，学生可以跟随机器进行程序化教学，机器会随时对学生的学习情况进行检测，以此来决定是应该开始新的内容，还是回到上一级菜单重新学习。在心理治疗领域，从该理论出发提出的行为矫正技术，通过不断的奖惩来促使人们改变病态行为，塑造新的行为习惯，至今仍在心理治疗中广泛应用。

回到开篇的那个问题，如果想培养幼儿爱劳动的好习惯，那么在他学着打扫卫生的过程中，即便弄脏了衣服，弄坏了家中的摆设，家长也应该以表扬鼓励为主，再辅以传授技巧，以确保他打扫卫生的行为得到积极强化。切不可因为他没有做好而严加呵斥。同样道理，对于不爱做家务的男人而言，妻子赞美和崇拜的眼神一定是他干家务的动力源泉。当然，强化一定要及时，也就是在对方做出希望出现的行为之后立即强化，如果间隔时间过久，"秋后算账"的意义就大大降低了。

1.8 谷歌公司的"死亡福利"
——人本主义心理学

当加班成为家常便饭，当带薪休假成为奢侈梦想，当加工资成为敢想不敢说的渴望……如果你看到谷歌公司的各项福利，也许就会彻底体会羡慕嫉妒恨的内涵。

谷歌给予员工的高福利待遇已经不是一件新鲜事，免费理发、免费美食午餐、医疗服务以及各种高科技清洗服务早已为世界各国的人民熟知。不过谷歌新近推出的一项福利再次让人们大跌眼镜，那就是员工死亡福利。谷歌人事主管鲍克表示："我们已经推出了一项谷歌员工死亡福利，这听起来不可思议，但的确是真的"。

鲍克所说的员工死亡福利是指：如果谷歌员工去世，那么其配偶不仅可以在未来10年领到去世员工一半的薪水，还能获得去世员工的股权授予。此外，他们的未成年子女每月还能领取1000美元的生活费，直到其19岁为止，如果子女是全职学生，那么他们可以享受这项福利直至23岁。这项福利对员工的工作期限没有限制，这就意味着谷歌的3.4万名员工都能享受到这项福利。鲍克还表示:"谷歌推出的这项福利对谷歌可谓是只有付出没有回报,但帮助去世员工家属度过生命中艰难的那段时间对谷歌来说也是非常重要的"。

这些以人为本的理念和福利措施为谷歌带来的不仅仅是在职员工的忠诚与努力,更是每年200万份以上的求职简历,并且这个数字每年都在递增。谷歌公司正在激烈的人才竞争市场上吸引最优秀的人才,树立起良好的企业口碑与形象。谷歌公司的成功告诉我们,人才是第一竞争力,谁掌握了优质的人力资源,谁才可能在市场中立于不败之地。"以人为本"是人才争夺战的核心。

20世纪50年代,一股新的心理学思潮在美国诞生,那就是人本主义心理学。这个学派认为,精神分析学派总是拿精神病人为研究对象,是一种病态的心理学;行为主义总是以小孩子和小动物为研究对象,是一种幼稚的心理学。心理学不能以这些"少数派"作为研究对象,而应该以人群中的大多数——正常人、健康人为研究对象。心理学应该重视人的尊严和价值,关注人的本性、潜能、经验、创造力、自我实现等。

人本主义的代表人物马斯洛提出了"需要层次"说。他将人类的需要划分为五个层次,由低到高,第一个层次是生理需要,包括对食物、睡眠、性的需要等;第二个层次是安全需要,是指人们希望得到保护,拥有安全感;第三个层次是归属与爱的需要,是指人们总是希望自己能够被理解、接纳、爱护、鼓励和支持等;第四个层次是尊重需要,是指人们希望受到别人的尊重与重视；第五个层次是自我实现的需要。具体划分见图 1.10。马斯洛认为，自我实现是人们行为的最根本动力，是人们奋斗的目标。只有在低级需要全部或部分得到满足后，才会出现高一级的需要；只有所有需要相继得到满足后才会出现自我实现的需要。但是，并非所有的人最终都能达到自我实现，只有少数人通过不懈努力才能最终达到自我实现的境界。

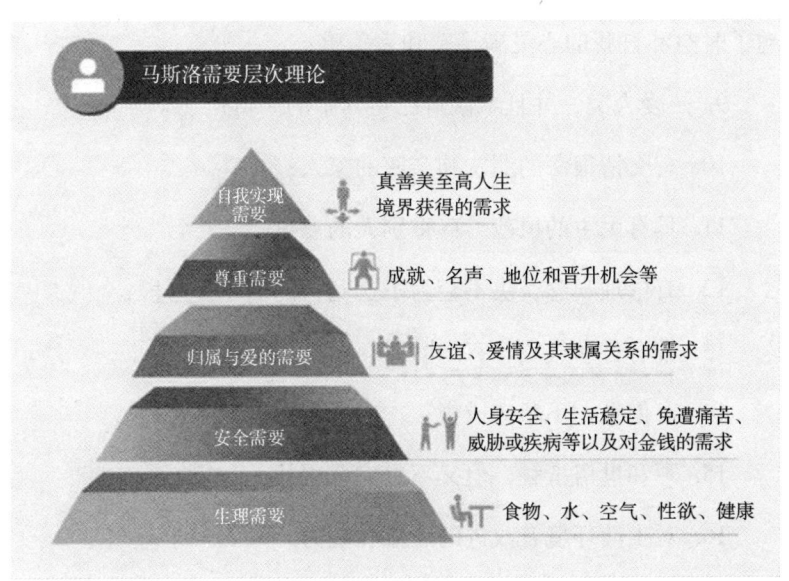

图 1.10 马斯洛需要层次理论

马斯洛找到了爱因斯坦、林肯、罗斯福、贝多芬、弗兰克林等 38 位历史名人，认为他们的行为符合自我实现的要求，并总结出了达到自我实现的人所应该具有的 16 个特点：

1. 了解并认识现实，持有较为实际的人生观；

2. 接纳自己、别人以及周围的世界；

3. 能够较为自然地表达自己的情绪和思想；

4. 有较广的视野，就事论事，较少考虑个人的利害关系；

5. 能享受自己的私人生活；

6. 有独立自主的人格；

7. 对平凡的事物不觉得厌烦，对日常生活永远感到新鲜；

8. 生命中曾经有过引起心灵震动的高峰体验，也就是一种超越了时空和自我的心灵满足感和完美感；

9. 热爱人类，并且承认自己是其中的一员；

10. 有交情很深的朋友和亲密的家人；

11. 具有民主的风范，尊重别人的意见；

12. 有伦理观念，决不会为了达到目的而不择手段；

13. 带有哲学气质，有幽默感；

14. 有创见，不墨守成规；

15. 不和世俗抵触，但又不是完全服从；

16. 对生活环境有改进的意愿和能力。

从人本主义出发，在企业管理、公共政策制定、公共服务等方面都可以体现以人为本的思想。北京和上海等大城市的企业，由于中午休息时间很短，一些处在哺乳期的女员工无法回家哺乳，只能在上班期间将奶水挤出，下班后再把母乳背回家喂宝宝。但是，工作单位没有方便的挤奶场所，挤出的奶无法保管，给"背奶一族"带来很多麻烦。一些企业考虑到这些问题，在公司设立"哺乳室",不仅有了供年轻妈妈们使用的空间,还提供专门的冰箱冷藏奶水。还有一些企业考虑到不同年龄段的员工需要不同,在提供福利时,不是"一刀切"地进行福利设置,而是在确保对每个员工福利投入均衡的前提下,为员工提供福利菜单,让员工自主选择适合自己的福利。这样,刚入职的员工可能会选择培训、进修为导向的"发展型"福利,为人父母的员工可能会选择有利于兼顾工作与家庭的"均衡型"福利……企业既控制了总体成本,又使得投入的每一分钱都实现效用最大化,大大提升了员工满意度。

在公共设施方面,近年来建成的许多高层大楼的电梯轿厢中,增加了镜子和盲文按键,前者方便乘坐轮椅的残障人士不用转身就可以看清所到达的楼层,后者则满足了盲人朋友的需要。此外,在一些公共场所如体育馆、会场等地,都有为残障人士专门设计的通道、扶手等,人本管理的思想在很多细节之处体现出来,显示出一个社会、一个国家、一个城市的文明程度。

第二章　感受心世界

2.1 没有感觉，世界将会怎样
——感觉的产生过程与意义

如果有一个机会，要求你一天 24 小时中，除了吃饭、上厕所，其余时间都要躺在床上。什么也不用做却能获得不菲的报酬，你是否觉得这是个千载难逢的好机会呢？

1954 年，贝克斯顿等三位心理学家在加拿大一所大学的实验室里进行了著名的"感觉剥夺实验"。被试是自愿报名的大学生，每天参加实验的报酬是 20 美元（当时大学生打工一般每小时可以挣 50 美分）。所有的大学生每天要做的事是尽可能长时间地躺在有光的小屋的床上，有专人供应饮食，可以上厕所，但是躺在床上的时候需要戴上一些特殊装置：如半透明的塑料眼罩，可以透进散射光，但没有图形视觉；纸板做的套袖和棉手套，戴上后触觉就少了很多；头枕在用 U 形泡沫橡胶做的枕头上，同时用空气调节器的单调嗡嗡声限制他们的听觉。

实验前，大多数被试认为自己能利用这个机会好好睡一觉，或者考虑论文、课程计划。但后来他们报告说，对任何事情都不能进行清晰的思考，哪怕是在很短的时间内，他们也不能集中注意力，思维活动似乎是"跳来跳去"的。

糟糕的是，七天之后，当感觉剥夺实验停止后，这种影响仍在持续。参加过实验的大学生在解决一些复杂的问题，如创造测验、单词联想测验时，成绩明显下降——感觉剥夺影响了复杂的思维过程或认识过程。

此外，该实验还发现一个意想不到的结果。参加实验的大学生中，有50%的人报告有幻觉，其中大多数是视幻觉，也有部分是听幻觉或触幻觉。有人看到光的闪烁，有人听到狗的狂吠声、警钟声、打字声、警笛声、滴水声等，还有人感到冰冷的钢块压在前额和面颊，甚至感到有人从身体下面把床垫抽走。

看来，看似普普通通的感觉，在维持人的身心健康方面居然有如此重要的作用。

当你结束了一天的工作回到家里，刚一进门就闻到一股扑鼻的饭菜香，你定睛一看，桌上摆着几盘热腾腾的饭菜，红黄相间的番茄炒蛋，绿油油的蒜蓉青菜，白嫩嫩的清蒸鱼，配上晶莹剔透的大米饭，顿时你口中生津，抓起筷子便大口大口吃起来。熟悉而又美妙的味道在口中蔓延。

这样的场景是不是很熟悉？其实，我们每天的每时每刻都在接受外界传来的信号，而感觉就是外界信号进入我们体内的入口。**感觉**是人脑对当前直接作用于感觉器官的客观事物的个别属性的反映。人们通过眼、耳、鼻、口、舌、身（皮肤）等感觉器官看到颜色和形状，听到声音，闻到气味，尝到味道，以及触摸到物体的质地，进而产生了视觉、听觉、嗅觉、味觉、触觉等。这是人类感知世界的第一道关口，有了它，人类更高级的心理活动，如思维、语言、记忆等才得以实现，人类才可以认识外部事物的不同属性和自身身体内部的变化。

感受器是如何帮助人类获得感觉呢？感受器接收到外界的客观刺激会产生兴奋，同时，感受器会将获得的信号进行转化，变成大脑唯一可以识别的信号——神经冲动，通过传入神经传导至大脑皮层相应的感觉神经中枢，这时便产生了感觉。例如，光波产生的刺激被视网膜接收，产生兴奋后通过视神经传入大脑皮层的视觉中枢，由此产生视觉；声波产生的刺激被内耳中的耳蜗接收，通过听神经传入大脑皮层的听觉中枢，由此产生了听觉。可见，感觉的产生有赖于刺激—感受器—神经通路—大脑皮层感觉中枢四个环节的接力。任何一个环节出了问题，都有可能影响到感觉的产生。以视觉为例，感觉的产生过程如图2.1。

图2.1 感觉的产生过程

根据信号来源的不同，感觉可以分为外部感觉和内部感觉两大类，外部感觉包括视觉、听觉、味觉、嗅觉和触觉等，其中视觉和听觉最为重要，日常生活中的大部分信息都是通过视觉和听觉获取的。有关视觉和听觉的形成过程，将会在后面的章节中详细论述。外部感觉的感觉器官位于身体的表面，或接近于身体的表面，这样可以保证人随时能感受到来自于外界的各种刺激。

内部感觉反映的是有机体本身各部分运动或内部器官发生的变化。内部感觉包括机体觉、平衡觉、运动觉三种。机体觉反映有机体内部器官的活动状态，由于内感受器的神经末梢比较稀疏，一般强度的刺激信号，在从内感受器到达大脑的过程中常被外感受器的信号所掩盖，因而引不起机体觉。只有在强烈的或不断的刺激作用下，机体觉才较鲜明。可单独划分出来的机体觉有饥、渴、气闷、恶心、窒息、牵拉、便意、胀和痛等。

平衡觉是指关于身体运动速率和方向的感觉，因人体位置相对重力方向发生变化刺激前庭器官而产生的感觉。前庭器官位于人的内耳，与小脑密切关联。前庭器官与内脏器官也密切联系着，当前庭器官受到强烈刺激时，会产生恶心、呕吐等症状，如很多人在晕车、晕船时很容易呕吐。

运动觉反映的是身体各部分的位置、运动及肌肉紧张程度，它常常和其他感觉联合起来组成复合感觉。运动觉的检查是由检查者轻捏被检查者的手指或足趾两侧，上下移动5°左右，让病人说出肢体被动运动的方向（向上或向下）。正常人能够准确说出运动的方向，如果不能，则说明被检查者的运动觉出现障碍。

一般来说，大多数的感受器只能对一种刺激（适宜刺激）产生兴奋，它们与刺激的关系基本是固定的，不适宜的刺激一般不会使感觉器官产生兴奋。比如眼睛对光产生兴奋，但眼睛不能接收到声波带来的刺激，因而眼睛不能听到声音。

那么，人类的感觉是与生俱来的吗？研究证明，人在胎儿时期就有感觉。在多种感觉中，胎儿的皮肤感觉发育最早，在妊娠49天左右时，胎儿就能对触觉刺激做出反应。胎儿的听觉形成大约是在胎龄30周时，这时的胎儿能够听到来自母体外的声音，主要证据是音乐能引起胎儿心率加快，这也是为何可以用音乐的方式对胎儿进行胎教。胎儿4个月时形成味觉。有研究者发现，在孕妇的羊水中注入糖精，胎儿吸入羊水的频率会比平时的频率高出一倍，但如果在羊水中注入一种味道不好的油，胎儿会立即停止吸入羊水，并在腹中乱动。

在各种感觉中，胎儿的视觉形成的时间最晚，大约在7个月左右时才开始对光线有微弱的反应，到9个月时这种反应才会比较明显，这时如果对着母亲的腹部照射强光，胎儿会闭上眼睛，或者将脸转过去。而目前由于研究手段的限制，还不能确定嗅觉的形成时间，但我们可以断定的是，嗅觉也是在胎儿期就具备的感觉之一，因为婴儿在出生时就有对气味的感觉能力，即使是在睡梦中，刚出生的婴儿也会对奶水的气味做出吮吸反应。

2.2 我的鼻子失灵了

——感觉适应

喜欢香水的朋友可能都有这样的经历。当你到商店的香水专柜选购香水时，热情的服务员总会拿出许多不同品牌或系列的香水喷在试香纸上让你嗅。可是很多朋友在嗅了没几下之后，就已经被熏得晕头转向，不辨东西了。这时有经验的服务员会拿出一盒咖啡豆，让消费者"清清鼻"。果然，嗅一会咖啡豆，鼻子就会恢复知觉了。

确定香水味道很好闻之后，很多人，尤其女孩子会抑制不住热情将它买回家，并且忍不住每天都要喷几下。对于他们而言，沉浸在香氛中的感觉好极了！可是她周围的人却遭了殃。凡是她所到之处，到处都是这种香水味。一段时间之后，周围的人终于忍不住发飙了。但是这往往让女孩很愕然："什么？满屋子都是我的香水味？我怎么闻不到？"这到底是怎么回事，难道香水会让人的鼻子失灵吗？

其实，上述所谓的"鼻子失灵"并不是鼻子出现了什么器质性的病变，而是发生了感觉适应现象。感觉适应是指当刺激持续作用于感觉器官时，人对刺激的感觉能力会发生一些变化。感觉适应既可以提高人的感受性，也可以降低人的感受性，一般来说，弱刺激可以提高人的感受性，强刺激可以降低人的感受性。

视觉适应是感觉适应中最为明显的一种现象。视觉有明适应和暗适应两种。当人长时间在暗处而突然进入明亮处时，最初感到一片耀眼的光亮，不能看清物体，只有稍待片刻才能恢复视觉，这称为明适应。明适应大约在1分钟内就可以完成。驾照考试中要求驾驶车辆驶出隧道时保持与前车的安全距离并减速驶出，就是由于视觉的明适应，防止驾驶员从黑暗的隧道驶出骤然受到外部光亮的刺激看不清路面情况而发生交通事故。暗适应是指，当人长时间处在明亮环境中，在突然进入暗处时，最初看不见任何东西，经过一定时间后，视觉敏感度才逐渐增高，才能逐渐看见暗处的物体。暗适应所需的时间较长。平时我们晚上睡觉前关灯，在灯熄灭的短时间内会感觉眼前一片漆黑，如果睁着眼睛在黑暗中适应一会儿，就会发现渐渐地可以看出周围物体的轮廓。影响明适应和暗适应的因素有很多，比如前后光照对比强度越大，适应的时间也会越长；人体缺少维生素A会导致夜视力不佳，即"夜盲症"，从而在暗适应时存在困难；视觉适应也受年龄因素影响，研究表明，人在30岁以后视觉适应能力会有所下降。

生活当中的明适应和暗适应并没有带给人们太多的影响，但在军事上，人类看似短暂的视觉适应时间可能会严重影响作战。战场上的军人、战斗机飞行员需要在不同的光亮环境中进行战斗，如果突然从光亮环境进入黑暗环境，或者从黑暗环境进入光亮环境，战斗人员如果什么也看不到，什么也做不了，那么有可能贻误战机，严重的可能还会丧命。因此，科学家发明了军事护目镜，保证战斗人员的视觉适应时间最短。当前美军广泛使用的护目镜配有3种镜片——暗色、琥珀色、亮色透镜，分别在不同场合使用，但更换镜片则需要耗时5分钟左右。据美国福克斯新闻网近日报道，美国海军研究办公室正在测试一种可以自动变色的高科技护目镜。它不仅外观很酷，而且拥有柔韧的液晶镜片。外界光线变化时，会有电荷通过液晶层，调整其中的晶体排列使透镜发生即时反应——在明亮的阳光下变暗，在昏暗的环境下又可以变得透光，而整个过程只需几秒钟。这样，战斗人员的眼睛感受到的几乎是同样的光亮环境，视觉适应时间大大缩短，给作战带来极大便利。这种产品研发成功将会对雪地护目镜、摩托车手面罩等产品产生影响。

触觉的适应也比较明显，冬泳爱好者最初进入水中的几分钟最考验毅力，会感到非常冷而难以适应，而下水游一段时间后就会渐渐觉得不太冷了。同样道理，用香水的人由于自己发生了嗅觉适应，因此闻不到满屋子的香水味，所谓"久入芝兰之室而不闻其香，久入鲍鱼之肆而不闻其臭"就是这个道理。味觉也有适应，四川人能吃辣，一方面是由于蜀中炎热潮湿，需要用辣祛湿排汗，另一方面则是由于他们长期食用辣椒，产生了味觉适应。当然，各种感觉中，痛觉的适应性很难发生，正因为如此，痛觉才是机体的警报系统。

与感觉适应相对的是**感觉对比**。感觉对比是指当同一感觉器官受到不同的刺激时，其感觉会发生变化。感觉的对比包括同时对比和继时对比。同时对比是指几个刺激物同时作用于同一感受器时产生的对比现象。例如图 2.2 中，黑色背景上的灰色显得更亮，而白色背景上的灰色显得更暗，而实际上两块灰色是一样的。

图 2.2　感觉的同时对比

继时对比则是指几个刺激物先后作用于同一感觉器所产生的对比现象。在选购香水时，销售员用咖啡豆帮消费者"清鼻"，就是利用了嗅觉的继时对比。如喝过苦的东西，再喝白开水都会觉得有些许甜味，而吃甜食以后再吃草莓，会觉得草莓不甜，甚至有些酸。

除了感觉适应和感觉对比，还有一种有趣的感觉现象叫感觉后像。**感觉后像**是指作用于感觉器官的刺激停止以后，我们对刺激的感觉并没有立即停止，而是继续维持一段很短的时间。当断续刺激达到一定频率时，感觉后像可以使我们对断续出现的刺激产生连续的感觉。电影正是运用了感觉后像的原理。原本一张张独立静态的图画，按照一定频率快速放映。当人们对第一张图片的感觉后像还没有完全消失时，第二张图片就出现了。这就使得第一张图片与第二张图片上的内容连在了一起，一张张图片进行下去，人们就看到了连续的影像画面。

在一定的条件下，某种感觉器官受到刺激而对其他感觉器官的感受性造成一定的影响，这种现象称作感觉的相互作用。微痛刺激和某些嗅觉刺激可以使视觉的感受性提高。在微光的刺激下，听觉的感受性提高，而强光刺激则会使听觉的感受性降低。

2.3 品酒师的"超级舌头"
——感受性与阈限

葡萄酒广告中经常会有头发卷曲、眼神深邃的国外品酒大师举起高脚杯，细细品味杯中红酒的画面，葡萄酒得到品酒师的认可是品质高超的象征。

品酒师在大众心中是一个很轻松的职业，人们普遍认为品酒师只需要喝几口酒，点评几句就能得到高额回报，而且能在工作时间品尝到不同风味的酒实在是难得的美差。实际上，品酒师是一种非常辛苦的职业，不仅要经过严格的训练，即便成名之后，每年也要品尝3000多种新酒，脑子里储存了10000种以上的味道，某种滋味第二次出现的时候，他们都要与记忆库中的信息一一匹配。品酒还是非常考验品酒师意志力的一项工作，品酒师为了保护敏感的味蕾，日常饮食向来以清淡为主，而且品酒师很少把酒喝下去，而是在嘴里品出感觉后就把酒吐掉，好的品酒师几乎从不饮酒。

有品酒师这样介绍品酒："入口就是一汤匙的分量。从舌尖开始，让酒液向舌根滑去，吸一口气，打个滚，让酒液充分与口腔接触，让酒能够接触你口腔和舌头上不同味觉感受区域,去感受酒的酸、甜、苦、咸、涩味和整体平衡、厚薄等感觉。"

这样看来,品酒师的舌头不仅功能发达,就连活动起来也异常灵活。我们普通人的舌头一般只能分辨酸甜苦辣等区别明显的味道,而品酒师能够分辨各种酒的浓度、甜度、醇度等指标,是不是他们拥有一条我们常人难以比拟、异常灵敏的"超级舌头"呢?

品酒师的超级舌头并非拥有什么特异功能,而是感受性比较强。**感受性**是指各种感觉器官对适宜刺激的感觉能力,感受性的大小由感觉阈限来衡量。**感觉阈限**指的是能引起感觉并持续一段时间的刺激量。感觉阈限越低证明感官的感受性越强,相反,如果感觉阈限高,则证明感官的感受性比较差。感觉阈限有一定的范围,范围内的刺激才可以引起感觉。每个人的感觉阈限高低有差异,但总体来看趋于一致。以听觉为例,一般人可以听到的声音频率为 20~20000Hz,称为可听波,频率低于 20Hz 的声波称为次声波,频率 20~1GHz 的声波称为超声波,次声波和超声波都不能被人耳听到。

感受性可以分为绝对感受性和差别感受性两种,相应地,感觉阈限可以分为绝对阈限和差别阈限。

绝对感受性指感觉器官感受适宜刺激的最小刺激量的能力,绝对感觉阈限指正好能引起感觉的最小刺激量。仍以听觉为例,外界入耳的声音(一定频率)为 10 分贝时,被试 1 和被试 2 均听不到此声音,当声音强度为 12 分贝时,被试 1 刚刚能听到此声音，被试2还是听不到，而声音强度达到15分贝时，被试2才能刚刚听到，那么被试1在该频率下的听觉阈限下限为12分贝，被试2在该频率下的听觉阈限下限为15分贝，被试1的感受性优于被试2。回到开头提到的品酒师的问题，普通人的味觉绝对阈限是一茶匙糖溶于2加仑水（约合7.5升水）中可以分辨出甜味，而品酒师由于受到了专业的训练，他们的味觉绝对阈限就更低。为了保护这种来之不易的阈限水平，他们要饮食清淡，避免任何刺激性食物伤害味觉。

低于绝对感觉阈限的刺激称为"阈下刺激"，心理学研究表明，阈下刺激在一定条件下能够影响人的心理。在克罗斯尼克的实验中，以阈下刺激的水平向被试快速闪现积极情绪场面或消极情绪场面，再让他们观看人物幻灯片。结果证明，尽管画面闪现非常快，被试对不同情绪场面的感觉只是一道白光，但在紧随其后的任务幻灯片中，被试对积极情绪场面后的人物评价更好。

由此可以确定，人们在一定程度上是可以加工自己感觉不到的信息的，当给人们迅速展示一个阈限以下的刺激时，这个刺激确实能引发刺激接受者的微弱情绪反应，从而对后继的反应也产生影响。这种现象称为阈下刺激的"启动效应"。

对应地，差别感受性是指能够感觉出两个同类刺激物间最小差异的能力，差别感觉阈限是指正好能够引起差别感觉的刺激物的最小变化量。德国生理学家韦伯曾系统研究了触觉的差别阈限。他让被试用手先后提起两个重量不大的物体并判断哪个重些，从而确定了刚刚能够引起差别感觉的最小刺激量。结果发现对刺激物的差别感觉不决定于一个刺激增加的绝对数量，而取决于刺激物增量与原刺激的比值。比方说如果手上原有物体的质量是 100 克，那么至少必须增加 2 克，人们才能感觉到两个质量即 100 克与 102 克的差别；如果原有的质量是 200 克那么增加的质量必须达到 4 克；如果原质量为 300 克那么增加的质量应该是 6 克。可见引起差别感觉的刺激增量与原刺激量之间存在着某种关系。这种关系可用以下公式来表示：

$$K = \Delta I/I$$

其中 I 为标准刺激的强度或原刺激量，ΔI 为引起差别感觉的刺激增量，即"差别阈限"，K 为一个常数。这个公式叫韦伯定律。对不同感觉来说 K 的数值是不相同的，即韦伯分数不同。根据韦伯分数的大小可以判断某种感觉的敏锐程度。韦伯分数越小感觉越敏锐。

研究表明，人的不同感觉的 K 值是不同的。一般情况下，质量的 K 值为 0.03，即质量为 100 克的物体，当质量变化在 ±3 克之外，人才能感觉到质量的变化，而视觉的 K 值为 0.01，嗅觉的 K 值为 0.25，压觉的 K 值为 0.05。

值得一提的是，绝对感受性和相对感受性之间虽然有一定的相关性，但并不是绝对的固定关系。绝对感受性强的人，他的差别感受性也强的可能性比较大，但仅仅是可能性，因为影响绝对感受性和相对感受性的因素并不一致。

人的各种感受性都不是一成不变的，它们受内外条件的影响，例如适应、对比、感官之间的相互作用、生活需要和训练等都能导致相应的感受性发生变化。不同的专业和工作需要有不同的感受性，体育、音乐、美术等特殊专业对感受性有较高的要求，而质检员等工作也要求从业人员的差别感受性要高。

2.4 虹膜手机，不会丢失的手机

——视觉的形成

糟糕，手机被偷了！使用手机的小伙伴们不少人可能都有这样的经历。一旦手机丢失，QQ、微信、支付宝、手机银行……都将面临危险。有网友总结出了"丢手机宝典"，教你在第一时间挂失、冻结、解绑定，将损失降到最低。那么，有没有不会丢的手机，或者说，有没有即便被偷了，却让偷儿"望机兴叹"，卖不掉也用不了的手机呢？有！

2015年春天，多家手机厂商推出了带有"虹膜解锁"功能的手机。这种手机在第一次使用时，通过发射红外LED光线照向用户的眼球，并通过前置摄像头对虹膜进行拍摄。这样，用户虹膜的初始照片会被提前保存在设备上。在之后需要解锁手机时，只需要对着手机一眨眼，虹膜认证系统会在后台进行自动搜索比对匹配，如果对比成功就可以实现虹膜解锁。

据报道，这种虹膜解锁手机相比之前的指纹解锁、面部识别解锁手机，识别率更高，错误率更低，安全性提升千万倍。如果将来可以继续发展到虹膜支付、虹膜开门，那么，人们就不用记忆各种复杂的支付密码，出门也不用携带那么多钥匙了，只需要眨眨眼，生活就变得更方便，更美好。

那么，虹膜到底是什么？它为什么可以用来进行解锁认证呢？

要想了解虹膜解锁认证的原理，就要首先了解虹膜的构造；要想了解虹膜，还要先了解人类眼球的结构。人类的眼球由眼球壁和内容物构成。眼球壁分为三层，最外层为巩膜和角膜，光线通过角膜发生折射进入眼内。中层为虹膜、睫状肌和脉络膜等。内层为视网膜和部分视神经。眼球的内容物有晶状体、房水和玻璃体。具体结构见图2.3。

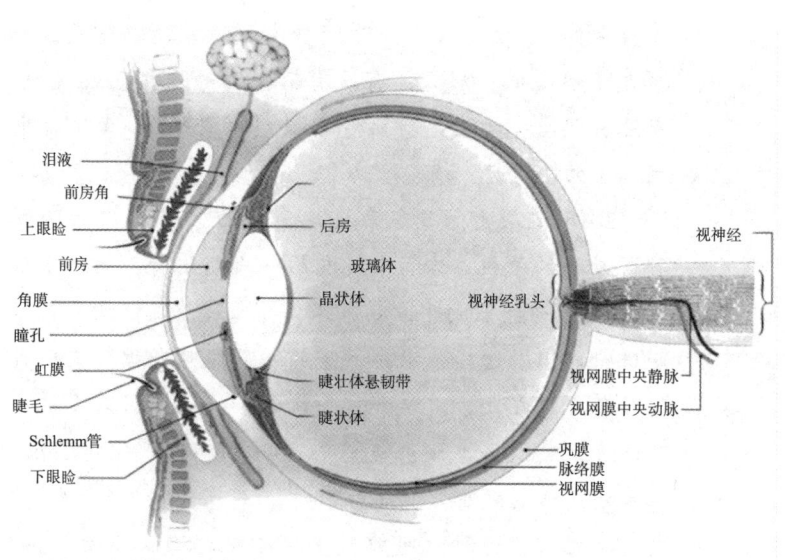

图2.3 眼球结构图

在这个构造中，虹膜属于眼球中层，位于血管膜的最前部，在睫状体前方，它的变化可以自动调节瞳孔的大小。虹膜与人的指纹一样，是独一无二的。正因为如此，英国剑桥大学的约翰·多曼博士便发明了虹膜身份测定技术。简单地说，虹膜测定技术是将虹膜的外观特征转化为512比特的虹膜密码，再储存在模板内备作确认的技术手段。

一个虹膜大约有266个单位的读取点，而其他传统生物测定技术只能读取13～16个单位，这在很大程度上肯定了虹膜测定的精确程度。此外，使用此技术非常方便，扫描过程只需大约1分钟。现在，英美等国已开始把这种身份确认技术用于银行提款机。只需在提款机上安装虹膜测定相机，银行便能瞬间确认使用者的身份，保证使用者的密码无法被窃取。

虹膜解锁是通过红外LED光线照向用户的眼球，并通过前置摄像头对拍摄的虹膜进行识别。这样，用户虹膜的初始照片会被提前保存在设备上，在下次需要进行比对时，虹膜认证系统会在后台进行搜索比对匹配，并最终实现虹膜解锁。

与眼球紧密相关的感觉现象是视觉。所谓视觉是通过视觉系统的外周感觉器官（眼）接受外界环境中一定波长范围内的电磁波刺激，经中枢有关部分进行编码加工和分析后获得的主观感觉。视觉产生的过程是这样的：首先光线透过角膜穿入瞳孔，瞳孔随光线的强弱而调节大小，控制进光量。光线再经过晶状体的折射，最后聚焦在视网膜上。视网膜上的感光细胞（锥体细胞和棒体细胞）通过一定的光-化学反应影响双极细胞和节状细胞，从而引起视神经纤维的冲动，传入大脑皮层视觉中枢引起视觉。视觉是人类最重要的感觉，个体察觉到的80%的信息来源于视觉，人类视觉的适宜刺激是波长在380~780毫微米之间的光波。

人们常说"眼见为实"，然而，现代研究表明实际并非如此。眼球只是帮助收集和转换光信息，真正形成视觉的是大脑中完全与外部光线隔离的视觉中枢。这样说来，我们看到的信息实际上是大脑经过各种约束条件后加工出来的信息，它很有可能与客观存在的事物并不完全一致。换而言之，你所看见的事物并不是你看到的那样，而是你的大脑使你相信它是你认为的那样而已。

一个典型的例子就是"错视"，又称为"视觉假象"。英国心理学家格雷戈里指出，错视很大程度上是由于视觉形成过程中无意识的影响，比如人们普遍认为"近大远小"，当在一幅山水画中看到一座比较小的山，就理所当然地认为这座山在远处。图2.4就是一个典型的错视现象，请先用你的眼睛感受一下，中间的两个圆哪个更大，再动手量一下，你会发现不一样的结果。

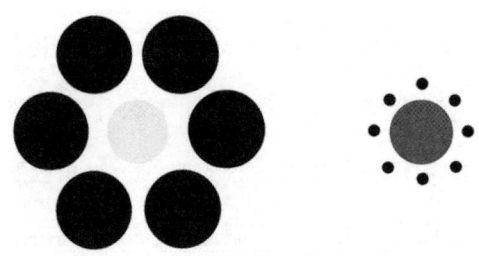

图 2.4　中间的两个圆哪个更大？

除了感知影像，眼球还可以帮助人们看到五彩斑斓的世界，也就是颜色视觉。颜色是光波作用于人眼所引起的视觉经验。人类对颜色的视觉具有色调、明度、纯度（饱和度）三种特性，而这些特性取决于光波的波长、强度和成分。红橙黄绿青蓝紫等颜色的色调，主要是由光波的波长决定的，明亮的环境下，人眼对于560毫微米的黄绿色光最敏感，所以无论是交通警察，还是养路工人、环卫工人，他们工作时都会穿上带有黄绿色条的特殊服装，以便引起驾驶员的注意，保护其安全。

颜色的明度是由光线的强度决定的，光的强度越大，颜色越亮，最终接近于白色；光的强度越小，颜色越暗，最终接近于黑色。我们在电脑上调节图片的对比度，实际上就是在调节颜色的明度。当光强达到一定程度时，人们产生的就不再是颜色视觉了，会产生痛觉，对眼球造成损伤。

颜色的饱和度是由不同光波成分所决定的，光波成分越单纯，呈现出的颜色就越鲜艳，相反，光波成分越复杂，呈现出的颜色就越暗淡。光谱上的红、绿、蓝三色为三原色，它们不可再分解，但是按照一定比例相互混合则会出现各种色光。生活中出现的色盲现象，就是对光谱中的部分甚至全部色光不敏感。它的形成有先天遗传的因素，也可能是由于视网膜疾病、视神经障碍等后天原因造成的。

2.5 为什么戴着耳机唱歌常常会跑调

——听觉的形成

戴着耳机唱歌会跑调吗?有人说会,在公交车上、地铁上常看到有人塞着耳机,忘情地边听边唱,不仅声音大,跑调还很严重。也有人说不会,跑调的责任不在耳机,很可能这些人本来就五音不全,不带耳机也找不着调。跑调到底跟戴耳机有没有关系呢?

为了验证这个问题,笔者做了一个实验,请来了五名大学生,其中有一名是校合唱队的成员,还有一名是校园乐队的主唱,其他三名都是自认为热爱音乐,喜欢唱歌的同学,由他们自选熟悉的歌曲分两次进行试唱并录音。结果发现,在没戴耳机情况下唱得很好的大学生,在戴上耳机后都不同程度出现了跑调。在回放录音时,连他们自己都不相信这是自己的歌声。

看来戴着耳机唱歌果真会导致跑调。那么,这到底是为什么呢?

要找到戴耳机唱歌跑调的原因,就要首先了解听觉的产生机制。听觉是个体对声音刺激的觉察,是仅次于视觉的一种十分重要的感觉。人类的语言信息和其他与声音有关的信息大部分是由听觉接收的。听觉的适宜刺激为频率16~20000Hz的声波,其中人耳最敏感的区间为1000~4000Hz。

耳是人的听觉器官,它的主要功用就是接收外界复杂的声音信号,并将之转化为人脑可以识别的生物电讯号。耳由外耳、中耳和内耳三部分组成。外耳通过耳廓收集声音信号,并由外耳道经空气传至中耳的鼓膜。中耳除了鼓膜之外,还包括三块听小骨——锤骨、砧骨、镫骨。它们一边与鼓膜相连,一边与卵圆窗相接。当声波引起鼓膜振动之后,会带动听小骨系统传动,进而带动卵圆窗的振动。由于耳膜的面积比卵圆窗大20倍,因此当振动传到卵圆窗时,声压提高了20~30倍。内耳由前庭器官和耳蜗组成。内耳中的听觉感受器——柯蒂氏器由大量毛细胞组成,毛细胞产生的动作电位引起神经冲动,由传入神经传导至大脑皮层颞叶的听觉中枢产生听觉。具体结构见图2.5。

除了生理传导之外,听觉的产生还有两条其他的途径——空气传导和骨传导。空气传导是鼓膜振动引起中耳鼓室内的空气振动,再经卵圆窗传到内耳;骨传导则是振动产生的声波由颅骨传入内耳。我们每个人听到的自己的声音都是三种传导途径共同作用混合而成的声音。我们经常惊讶于自己的声音录制下来后再听与平时自己听到的声音大不相同,这是由于录制的声音仅仅是通过空气传播而收集的声音。这种声音也是身边的人听到我们讲话的声音。

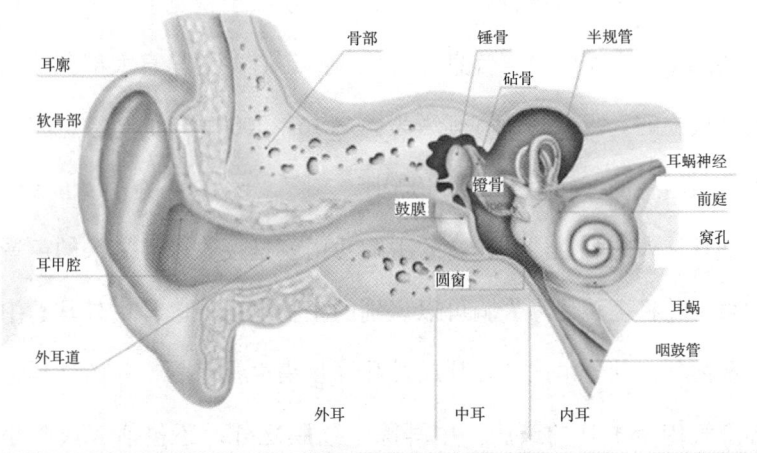

图 2.5　耳的结构图

戴着耳机听歌时跟唱容易跑调,那是因为戴上耳机后,经过骨传导被人感觉到的声音增强了,在这种环境下,唱出来的声音不能反馈到耳机里被自己听到,也就无法去判断自己唱的声音是否准确,所以,戴着耳机唱歌也就容易跑调了。大型的演唱会中,歌唱演员也会戴着耳机唱歌,但是那个耳机与我们平时使用的耳机有所不同,它有专门的回路,使得歌唱演员可以从中听到自己的声音,进而调整自己的演唱状态。

声音包含音调、音响、音色三个属性,这些特性主要由声波的物理性质决定。

音调由声波的频率决定,频率越大,音调越高。成年男子说话声的频率在 95~142Hz 之间,而成年女性说话声的频率一般在 272~653Hz 之间,这也是为什么男性的声音较为低沉而女性的声音较为尖细。弦乐器，如吉他、小提琴都可以通过调节弦的松紧来调整音高，相同的弹奏力度，弦越紧绷，弦振动的频率就越高，发出的音调就越高；弦越松弛，振动的频率就会越低，发出的音调就比较低。

音响由声波的强度决定，强度越大，响度越大。响度通常用分贝来衡量，普通说话声音的响度为60~80dB。80dB以上的声音人已经会感觉到吵闹，汽车噪音介于80~100dB。以一辆汽车发出90dB的噪声为例，在100米之外，仍然可以听到81dB的噪声。而待在100~120dB的空间内，如无意外，一分钟人类就会暂时性失聪（致聋）。当声压超过130dB时，引起的是痛觉而不是正常的听觉。

音色主要是由声波成分的复杂程度决定的，在一场交响乐中可以分辨出小提琴、竖琴、小号、手风琴和大提琴，就是因为每一种乐器都有其特有的音色。除非基频相同，一般情况下混合出来的音乐不会产生一种新的合成音。

在长时间的声音刺激之下，听觉感受性会显著降低，这一现象被称为听觉疲劳。听觉疲劳表现为听觉阈限的暂时性提高。听觉疲劳的程度与声音刺激的强度、持续的时间、刺激的频率等因素都有关系，如果长时间的听觉疲劳得不到恢复，最终会导致听力降低或永久性听力丧失。车间里的一线工人长期与机器为伴，而机器碰撞会发出巨大的噪声，他们长时间在这样的环境下工作，还未到退休年龄就出现了耳鸣、耳聋等听力减退现象。

2.6 用手按摩刺激早产儿，他们的体重会快速增加

——触觉的妙用

按摩理疗家皮特·沃克提出："满足宝宝的抚触需要，是给子宫里的宝宝渐渐灌输这个世界是一个仁慈的、充满关爱的世界的第一步"。心理学家在20世纪50年代做过一个实验，喂宝宝吃饭但不触摸他们，实验结果表明，感觉缺失造成宝宝体重下降，肌肉协调能力不佳和冷漠感。对婴儿来说，怀抱、依偎和碰触是顺利成长最基本的条件。早产儿大多身体虚弱，免疫力低，容易受疾病侵扰，使父母长辈都十分忧心。而医生表示，积极做好早期干预，能让早产儿更加健康地成长，干预的手段之一就是按摩。

早产儿由于过早出生，神经发育不成熟，而且自身的神经、肌肉活动较少。如果父母和护理人员用双手对早产儿进行有次序、有手法、有技巧的科学按摩，就可以让大量温和良好的刺激通过皮肤传到孩子的中枢神经系统，给孩子一定的触觉刺激。这种刺激会在孩子大脑中形成一种良性反射，促使脑细胞活动增加，从而促进婴儿的智能发

育、心理运动发育。肢体的按摩，可以增加早产儿的四肢活动，使其头围、身长和体重显著增加，促进其生长发育；而腹部的按摩，可以使孩子的消化吸收功能增强，摄入的奶量明显增加。

触觉是指分布于全身皮肤上的神经细胞接受来自外界的温度、湿度、疼痛、压力、振动等方面的刺激。多数动物的触觉器是遍布全身的，例如人的皮肤位于人的身体表层，人可以依靠表皮上的游离神经末梢感受温度、疼痛、碰触等多种刺激。狭义的触觉，指刺激轻轻接触皮肤触觉感受器所引起的肤觉。广义的触觉，还包括增加压力使皮肤部分变形所引起的肤觉，即压觉。一般统称为"触压觉"。除了触压觉之外还有触摸觉，触摸觉是触觉与肌肉运动觉的结合，主要是指人手的触摸觉，它不但能感知客体表面的光滑、粗糙，还能感知物体的长短、大小，以及物体的形状。

皮肤黏膜中的神经末梢是触觉的感受器，人通过皮肤接收外界的刺激，再通过神经中枢将刺激传入大脑而形成触觉。皮肤表面散布触点，触点的大小有所不同，有的直径可以达到0.5mm，其分布也不规则，根据身体部位的不同而有所变化，一般指腹处最多，头部其次，而小腿及背部最少。所以人在指腹上的触觉最为敏感，而小腿及背部的触觉最为迟钝。用线头接触手指腹会有明显的触觉，而接触小腿则完全没有感觉；人们在打麻将时可以不用眼睛看牌，单纯通过指腹触摸来判断手中的牌，而用两个相距0.5cm的钝针触压背部皮肤，身体却会将两根针误判成一个物体，这些都是由于身体不同部位触点的分布不同所造成的。

触觉并不是人类特有的，动物也有触觉，而动物的触觉往往是其定位的重要手段。猫的胡须不能被人为剪掉，因为猫的胡须与其身体的宽度是一致的，猫在捕捉老鼠时，通过用胡须丈量鼠洞口来判断自己是否能钻进去。依靠触觉来认识生活环境及其变化的动物称为触觉动物，如蚯蚓长期生活在泥土中，就是通过触觉对环境进行判断。触觉是动物界中广泛分布的一种原始的感觉，触觉刺激能诱发动物的各种防御反应，如水螅在遭到触碰后会诱发身体蜷缩、卷曲等非定向性运动，有些昆虫被触碰后会立刻浑身僵直，呈现假死状态，而一段时间不触碰后会迅速逃走，而有些动物则会在遭到碰触或关乎生命安危的情况下进行身体自切，如壁虎断尾、海星断腕、螃蟹断足，这些动物的折断部分以后还可以再生。

触觉是人们社交活动中的重要行为方式。有研究表明，科学家发现，怀孕三个月流产的胎儿，如果触动嘴周围的汗毛就有反射性的反应。刚出生的婴儿触觉已经十分发达，刺激婴儿嘴唇时会产生食物性反射，如张嘴要吃、做出吮吸动作等，而刺激其他身体部位时，则会产生防御性反射。这种发达的早期触觉，对婴儿的自我保护和认识世界有重要作用。

从人与人之间的交往方式来看，婴儿通过肌肤接触与成年人建立联系。婴儿出生时，触摸是父母对新生儿所做行为中非常重

第二章 感受心世界

要的部分。有科学家观察母亲在刚生完孩子后如何接触她们的宝宝，发现母亲最早是用手指触摸和摆弄孩子的肢体、亲吻他、轻轻摇动他，这就是最早的肌肤接触。之后，婴儿吃奶时，躺在母亲怀里，头枕着母亲的胳膊，被母亲宽阔的手臂护着，被母亲的体温温暖着，也达到了一定肌肤接触，这非常有利于母子依恋感情的建立。前文也提到，早产儿出生后父母的按摩与抚摸可以使婴儿的体重快速增加，其实，触觉上抚摸的作用并不止这些。对婴儿的按摩和抚摸可以给婴儿带来情感上的乐趣，刺激皮肤可以提高婴儿的免疫功能。通过抚摸，婴儿的副交感神经系统被激活，释放内啡肽激素，这能通过降低新陈代谢调节血压，并改善循环系统和睡眠，使身体恢复平衡。

触觉是婴儿最早发展的能力之一，丰富的触觉刺激对智力与情绪发展都有着重要影响。父母应当多与孩子接触，尤其是在孩

图 2.6 "抱抱团"在加拿大多伦多

子的婴儿时期。这样不但能增进亲子关系，更能为孩子未来的学习和成长打下坚实的基础。即使对于成年人，经常与爱人、父母、孩子有肌肤的接触，如拥抱、抚摸、牵手等，也可以缓和人际关系，加深感情。美国和澳大利亚的一些年轻人就曾发起"抱抱团"活动，希望通过亲人、朋友、甚至陌生人之间的真诚拥抱感受友好和和谐。

2.7 看到阳光的温暖
——神奇的联觉

"微风过处,送来缕缕清香,仿佛远处高楼上渺茫的歌声似的。"这是朱自清的散文《荷塘月色》中的名句。在这个句子中,作者用若有似无的荷塘清香与缥缈的歌声相比拟,让人仿佛身临其境。可是,细心人会发现,这个比喻中的本体和喻体实际上是来自于两个不同系统的感觉——嗅觉与听觉,这样的联合合适吗?

朱先生的"感觉联合"已经显得奇妙,可近两年韩剧中描述的种种"超能力"更是将这种联合发挥到极致。最近一部韩剧《看见味道的少女》描述了一个家境贫寒、平淡无奇的女主角,她拥有一种特异功能,可以看到味道的色彩和形状,并利用这一能力与男主角一起侦破案件,演绎了一个浪漫的爱情故事。这是怎么回事,现实中真的有可以"看见味道"的人吗?

其实，无论是朱自清先生的散文，还是韩剧中少女的故事，它们都有一个共同的特点，就是运用了联觉。联觉是指各种感觉相互作用的心理现象。前文提到过，感觉的相互作用是指一定条件下某种感觉器官受到刺激而对其他感官的感受性造成一定影响的现象。而联觉更为具体，是指对一种感官的刺激作用触发另一种感觉的现象。

"颜色—温度"联觉是一种常见的联觉现象。例如，红、橙、黄色会使人感到温暖，因此被称作暖色；蓝、青、绿色会使人感到寒冷，因此被称作冷色。还有"颜色—触觉"联觉，例如看到湛蓝的天空似乎可以感觉到蓝色天鹅绒划过指尖；绘画、建筑、环境布置、图案设计等活动中用直线显示坚硬，曲线显示流畅，而折线显示生硬。

"字形—颜色"联觉指的是，人看到一个数字或者字母后能自动看到它带有某种相关的颜色。美国著名的物理学家、1965年诺贝尔物理奖得主理查德·费曼说："我看到等式的时候，不知道为什么字母是彩色的。"这位科学天才看到的 n 是浅紫色的，x 是深褐色的，j 是浅棕色的。有心理学家做过一个实验，见图 2.7。对于能将特定数字与特定颜色产生联接的人，他们可以一眼看出在白底黑字中隐藏的排列形式，对于他们来说，数字 2 排列成的三角形会凸显出来（如右图）。但具有正常感知觉的人必须逐字搜寻才能挑出藏身于数字 5 中的数字 2（如左图）。

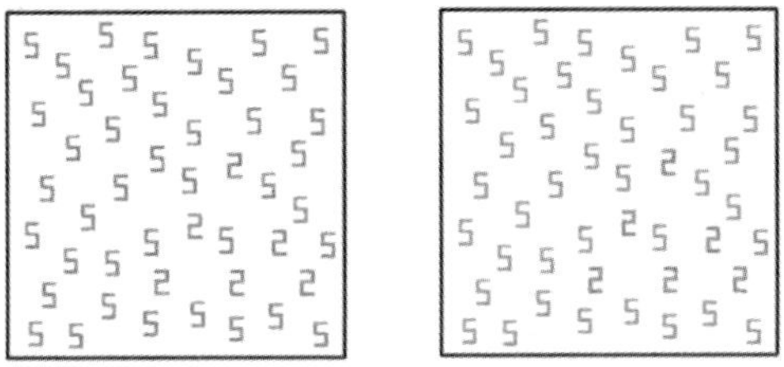

图 2.7　具有"字形—颜色"联觉者的实验效果

"颜色—听觉"联觉是又一种常见的联觉现象，即对色彩的感觉能引起相应的听觉。北宋诗人宋祁的名句"红杏枝头春意闹"，被王国维的《人间词话》评价为"著一'闹'字而境界全出"。这里就是运用了联觉意象。原本由红杏娇艳欲滴引发的静态的视觉感受，却引发了听觉等动态画面，不得不使人惊叹人类感觉的奇妙。

此外，现代的"彩色音乐"运用的也是这一原理。康定斯基在其《论艺术的精神》一书中将色彩和音乐的情感联系起来，并总结出了一系列色彩伴音，如刺耳的喇叭声代表黄色，长笛代表淡蓝色，大提琴代表蓝色，风琴代表深蓝色，小提琴的中音流淌出绿色，而节奏的停顿是白色。不同的乐器显示出不同的色彩，色彩的明度好比音乐的跨度，色彩明度的高低与音乐上的高音和低音相对应，不同颜色组成的图画就好像音乐中的某一小节乐章，颜色会呈现出或欢快或悲伤的情感感受，画面的情感色彩也就不同，音乐恰恰也是这样，因此音乐也有了感情。美国密苏里州堪萨斯市的一名女子玛丽莎·麦克瑞肯在听音乐时，眼前会自然而然地浮现出颜色与材质，而且她把自己的这种形象感觉画成了一幅幅色彩缤纷的画。

图2.8 具有"颜色—听觉"联觉者将音乐绘成图画

那么，联觉是怎样形成的？联觉的产生对人有益还是有害呢？科学家对联觉的研究一直没有停止，近几年，人们通过正电子发射计算机断层扫描（PET）研究证实，人类大脑的每一个区域负责某种感觉成分，这就使得声音属于听觉区，而不是视觉或嗅觉区。但是，有时两种不同的区域会发生融合，于是就会看见有颜色的音符，听见食物的味道，在许多数字中能立刻辨别出一组相同的数字，因为可以从颜色上分辨出这些数字。这就是联觉现象。至于为什么这些区域会发生融合，在什么条件下才能融合，至今科学界还没有权威的解释。

从潜能上来讲，每个人都能够体验到联觉的感受，而大多人不能将其上升到意识层面。只有少数人才具备感知并表达出联觉的能力。心理学家西托威克经过 15 年的研究，估算了这种现象在人群中的发生率：大约在 25000 人中有 1 人具有较稳定的联觉感知。联觉者通过感官将接受到的刺激部分联系在一起，有些是将两种感官联系在一起，少数联觉者能将三种感官联系在一起。两种感官的联系主要有字母—颜色联觉，符号—味觉联觉，声音—颜色联觉，声音—味觉联觉；三种感官的联系主要是时间—空间—情感联觉，拥有这种能力的人可以对历史教科书过目不忘。

有些研究者认为联觉是人的一种与生俱来的能力，与遗传基因有关系。因为在联觉感知的人中大多数为女性，所以科学家在考虑联觉是否与 X 染色体有关。而科恩与他的研究小组发现，婴儿从出生到六个月期间常常会把各种感觉混杂在一起，因为此时婴儿的神经系统尚未成熟，各神经元和大脑区域之间的联动非常旺盛，当功能逐步健全时，这种现象会逐渐消失。也有人指出联觉能力与创造力有关，因为许多颇有成就的科学家和艺术家都具有联觉能力。另外，科学研究指出，联觉现象大多出现在数学较差的人身上，左撇子、方向感较差以及有过预知经历的人也通常会出现联觉现象。

有些联觉者对自身的联觉能力不堪其扰，认为联觉扰乱了他们的正常生活。实际上，联觉可以说是上天的恩赐。现在科学家已经试图在不具备联觉能力的人身上培养出联觉。如果能够成功，未来你可能会看到带颜色的音符，品尝到甜的或咸的歌曲，触摸到粗糙的乐曲，那将是多么丰富而又美妙的世界。

2.8 是"13"还是"B"

——知觉的特性

请看下图,中间的图案是"13"还是"B"呢?相信很多人应该会有相似的答案:横向看的话会觉得是"B",而看竖直一列的话会觉得是"13",可是单看的话,似乎既像"13"又像"B"。为什么会这样呢?因为左右两边的字母"A"和"C",上下的数字"12"和"14"让我们产生了一种情境效应,人们不由自主地受到横向连续字母的影响,将它知觉为"B";受到纵向连续数字的影响,将它知觉为"13"。看来,现实生活中我们的知觉常常要受到环境和已有知识经验的影响。不同的个体知识背景不同,知觉到的内容也不同。那么,知觉是什么?它又有怎样的特点呢?

图2.9 是"13"还是"B"

知觉是人脑对直接作用于感觉器官的事物的整体属性的反映，是个体将感觉信息组织成有意义的整体的过程。例如，当人面对一个苹果，看到了它的颜色和形状，嗅到了苹果的香味，拿着苹果可以感受到它的重量以及表面是否光滑，这些对苹果的视觉、嗅觉和触觉都是对苹果个别属性的感觉，而我们在人脑中将这些个别属性整合并形成一个整体，再加上原有的知识和经验，形成了对苹果的整体映像。

知觉是在感觉的基础上形成的，但它并不仅仅是感觉的简单集合。感觉信息是简单而具体的，主要取决于刺激物的物理性质；而知觉则较为复杂，它需要利用已有的知识和经验，对接收到的感觉信息进行整合，同时对这些信息进行解释，使这些信息组成一个有意义的整体。感觉和知觉同属于人的心理活动，它们都是认识过程的感性阶段。二者作为一种紧密联系的心理活动，既有共同之处，又存在个别差异。

关于感觉与知觉的联系，首先，感觉是人对客观事物个别属性的反映，知觉则是对客观事物的不同属性进行综合，对事物做出整体的反映。没有对事物个别属性的感觉，也就难以形成不同属性组成的知觉。由此说来，感觉是知觉的基础，知觉的形成以感觉为依托。对客观事物的感觉越是丰富、精准，形成的知觉就越全面；其次，感觉和知觉都是对当前作用于感觉器官的各种客观事物的主观的、直接的反映。只有当外界刺激直接作用于感知者时，人们才会产生对这一事物的感觉和知觉，没有客观事物的直接作用而在人脑产生的映像只能被称作幻觉。最后,感觉和知觉都是人脑活动的产物,都是人脑通过感觉器官接受外界信息并对信息进行加工处理的过程,人脑也因此成为感觉和知觉的直接生理基础。

关于感觉和知觉的差异,首先,二者产生的过程存在区别。感觉是介于生理和心理之间的活动,其产生主要来源于感觉器官的生理活动和客观事物本身的物理特性;而知觉则是将感觉到的客观事物的各种属性进行综合的心理过程,这是一种纯粹的心理过程。因此,感觉在很大程度上由生理刺激决定,而知觉则是由人的主观经验和知识决定。其次,感觉和知觉的生理机制存在差异。感觉是单一分析器活动的结果,通过感觉器官接收刺激,将信息传导到大脑的相应负责区域,通过简单的信息加工形成对客观事物个别属性的认识;知觉则是由多种分析器协同工作,对复杂刺激物或刺激物之间关系的分析、判断和综合的结果。

由于人的知觉结果包含了个人色彩成分,因此知觉体现出一些特性,包括理解性、整体性、选择性和恒常性。

理解性是指人在知觉过程中总是希望赋予知觉对象一定的意义。当一个知觉对象展现在我们面前时,我们总是倾向于运用已有的知识经验理解这一现象,并将它归于经验中的某一类事物。鲁迅说过,"一部《红楼梦》,道学家看到了淫,经学家看到了易,才子佳人看到了缠绵,革命家看到了排满,流言家看到了宫闱秘事"。从知觉的角度讲,道学家、经学家、才子佳人、革命家和流言家所储备的知识不同,在看到《红楼梦》时也就产生了各自的见解。语言在知觉活动中起一定的指导作用,当我们给某一事物赋予一定意义时,通常需要用词语来标志它,并且当知觉对象的外部标志不太明显时,语言可以帮助我们迅速利用已有经验弥补感觉信息的不足,例如图 2.10 中的墨迹图乍一看可能看不出画的内容,但如果这时有人告知你图中是一条狗,狗的图形就会立刻成为你的知觉对象,你会觉得图中画的确实是一条狗。图 2.11 中,如果有人告知你图中是一张男性的脸庞,你就可以将中间的眼睛与左边图形视为一体,如果有人告诉你图中是一个女性的脸庞,中间部分就容易与右边部分组成一张女性脸孔。

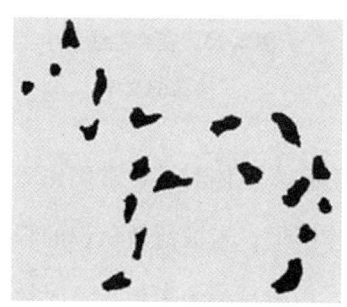
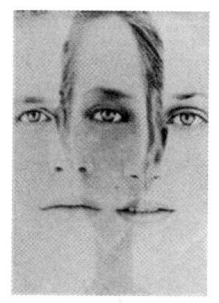

图 2.10　狗的墨迹图　　　　图 2.11　人脸图

知觉的**整体性**是指人在知觉过程中,倾向于把零散的对象知觉为一个整体。如图 2.12 中的马是由许多分散的线条组成的,但我们可以将其知觉为一匹马。在知觉的整体性方面,对象的内部关系发挥着重要作用,例如图 2.12 中组成马的各个线条,无论大小、粗细如何变化，只要各线条间保持的比例不变，就仍能够看出是一匹马。图 2.13 是一张在微信朋友圈中引发诸多转发的图片，表面上看这只是一些杂乱无章的线条，但是当你把书本向前倾斜，就可以看到里面掩藏的字体。这也是利用了知觉的整体性。

图 2.12　由不连续线条组成的马

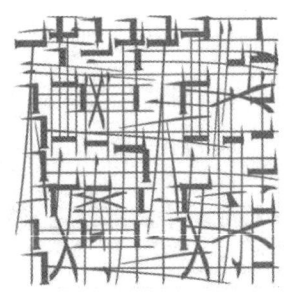

图 2.13　在杂乱线条中掩藏的文字

知觉的**选择性**是指当人们面对众多客体时，常常优先知觉部分客体，被清楚认识到的客体称作图形，未被清楚认识的客体称作背景。例如教师在讲课过程中，用教具指向黑板，这时教具就成了知觉的对象，而教师进行板书时黑板又成了知觉的对象。一定条件下对象和背景可以相互转换。人们可以根据实际情况的需要增强或减弱知觉的选择性。登山运动员会穿颜色鲜艳的衣服，来增强在雪地中的突出性，便于识别和判断；而士兵穿着迷彩服则是为了尽量与周围环境保持一致性，以起到隐藏、保护的作用。图形和背景相互转换而看到图形变化的情况被称为两可图，请看图 2.14 和图 2.15。当把不同的对象当作图形时，看到的内容是不一样的。

图 2.14　天使－魔鬼两可图　　　图 2.15　乐手－少女两可图

知觉的**恒常性**是指，当知觉的条件在一定范围内发生变化时，知觉的印象仍然保持相对不变。如我们都知道"近大远小"的常识，当马路边的路灯由近及远地望去，路灯的高度渐渐变小，但我们却知道这些路灯的高度是一样的。再如大多数人平常看篮球筐都是从侧面的某个角度看去的，很少有人从篮筐的垂直下方或正上方看过它。这使得篮筐看起来并不是圆形，但没有人会觉得篮球筐是扁圆的，依然会认为它的横截面是正圆形，篮球可以顺利地从篮筐通过。这些都是知觉的恒常性在发挥作用。

第三章　理解心世界

3.1 心理活动的"指挥员"
——注意的特性与作用

驾驶汽车是现代人必备的技能之一。在驾校学习驾驶的过程中,新学员初次接触汽车时总会手忙脚乱、十分紧张,双手紧紧握着方向盘,眼睛死死盯着前方,注意力高度集中,一旦坐上主驾驶位置就不能交谈,甚至听不见教练的指导了。常常首尾不能兼顾,免不了出错。再反观教练员,他们总是一边打着方向盘一边说着动作要领,空闲的时候还可以喝口水,点支烟,驾驶起来动作娴熟,游刃有余!看来熟手与新手的重要区别在于,熟手的注意力似乎很"富裕",驾驶时可以一心多用,而新手的注意力似乎很"贫乏",仅驾驶一件事情就足以令他无暇他顾。是不是熟手与新手的注意力资源存在量上的差异呢?

注意是心理活动对一定对象的指向和集中,注意只有在人处于清醒状态时才能实现,它指挥着人的感知觉、意识、思维等心理活动,在一段时间内集中并保持在一定对象之上。在下一个时段内，再有意识地进行转换和调控。例如，在看一场紧张激烈、战况胶着的球赛时，观众会全身心地投入到赛况中，以至于身边有人与他说话也没有注意到。而一旦球赛结束，观众的注意力就会转移到其他方面，如与周围的朋友交谈、评论等。在这个过程中，注意并不是心理过程本身，而是指挥心理过程的朝向、强度等。所以，注意并不是心理过程，而是一种心理状态。心理状态不能独立存在，它必须依附在心理过程之上才能存在。

研究注意的心理学家认为，人的心理资源是有限的，在任何指定时间内，人仅拥有一定的心理能量来从事眼前的工作。如果一个人将自己一定比例的心理资源投入在一件事情上，那么分摊到其他事情上的心理资源就会相应减少。一项工作越是复杂和不熟悉，人就会将越多的心理资源分配到这件事上以保证任务的完成。在学习驾驶的过程中，新学员由于对汽车结构和操作流程都不熟悉，驾驶对他来说是一件十分复杂的事情。学员在驾驶时不仅要操控汽油踏板、离合器、刹车、转向灯等部件，还要观察路面情况，同时要注意观察后视镜和车速。一个新学员需要同时关注如此多的事情，要花费相当多的心理资源，从而花费在其他事情上的心理资源相对减少。而教练员对汽车的这些操作流程已经十分熟悉，因而在驾驶上花费的心理资源较少，也就有精力做一些驾驶以外的其他事情。所以，熟手与新手并非注意资源量上有差异，而是他们投入驾驶这件事的资源量有所不同。

注意有两个特性：指向性和集中性。

指向性是指心理活动在某一时刻指向一部分对象而离开其他对象，这体现出个体心理活动鲜明的选择性。如一个人在看小说时，其心理活动就指向了小说中的故事情节，对周围发生的一切都熟视无睹。指向性不同，人们从周围环境获得的信息就不同。

集中性是指，当心理活动或意识指向某一对象后会稳定于这一对象，即对这一对象全神贯注。如医生在进行复杂的外科手术时，会将注意力高度集中于手术实施部位和自己的手术动作流程，并且能在相当长的时间里保持注意力不转移。这是一项费心费力的工程，很多外科医生在十几个小时的手术后，常常累得瘫倒在地就是这个原因。心理活动或意识的强度越大，紧张度越高，所需的注意力也就越集中，耗费的心理资源就越多。

使注意力集中的对象是"注意中心"，除此之外的其他事物是"注意边缘"。人们对注意中心的事物往往印象深刻，对注意边缘的事物则印象模糊。注意中心和注意边缘不是一成不变的，它们会随着个体活动任务的不同和周围环境的变化而变化，从而让人们更好地适应环境。

注意在个体的心理活动中主要表现为三种功能：选择功能、维持功能和调节功能。

人脑的信息加工能力是有限的，在同一时间只能加工一部分信息。注意的选择功能使大脑能够选择主体认为重要的信息进行加工。同时使大脑排除其他信息的干扰，从而提高大脑的工作效率。选择功能是注意的首要功能,注意的其他功能都是在这一功能的前提下产生作用的。

维持功能是指注意能使人的心理活动在选择的对象上保持较长时间,并维持一种比较紧张的状态,从而保证活动的顺利有序进行。注意不仅使心理活动选择一定的对象,而且使心理活动集中于该对象,从而使注意对象的内容或映像保持在意识之中,直到心理活动的完成。

调节功能是指注意对心理活动的监督和调整作用。通过调节功能,注意使人的心理活动沿着一定的方向和目标进行,也可以提高人的意识觉醒水平,使心理活动根据当前面对的对象进行适当的分配和及时的调整,从而保证心理活动的顺利完成。人在注意集中时,工作和学习中出现的错误就少,效率也随之提高。

当人处在注意状态时,有自己相应的外部表现,因此在一定程度上可以通过人的外部表现来判断注意力的集中和维持。例如,当人注视某一种物体或聆听某种声音时,会将感觉器官(眼或耳)朝向需要注意的对象,以便获得对此物体最清晰的印象;当注意集中时,会在血液循环和呼吸中做出反应,如肢体血管收缩,头部血管舒张,呼吸也发生变化,吸气变短,呼气则相对绵长;而在注意高度集中时,还常常会出现特殊的表情动作,如托住下颌或两腮,凝神远望,目光停滞在某处等。

注意的外部表现可以作为研究注意的一项客观指标,但注意的本质仍是一种心理状态，与外部表现并不总是一一对应。比如在课堂上，表面看来学生盯着老师，做出一副认真听讲的表情，但实际上可能完全没有注意老师讲课的内容，而在关注其他与课堂无关的东西。因此，单纯通过注意的外部表现来判断和说明一个人的注意状态容易出现偏差，有时会得出错误的、与实际不符的结论。

3.2 明星是怎样被偷拍的
——注意的分类

经常在娱乐版的头条看到明星被偷拍的新闻。机场、商店、酒店是偷拍的高发地。每次明星们出行时不可谓不用心,脸罩超黑,面捂口罩,头戴帽子,脚步匆匆,似乎生怕被狗仔抓拍到。可每次这样的全副武装依然会被"万能"的狗仔逮个正着。是记者太敬业,还是明星别有用心?不过如果你有机会亲历偷拍现场,就会恍然大悟。没错,明星的防护措施的确做得很到位,墨镜、口罩、帽子裹了个严严实实,但是你可以想象这种装扮的乘客在机场显得有多突兀吗?有谁在室内还戴墨镜,又有谁大热天的戴口罩?明星的确低头不语,脚步匆匆,可前前后后数十位工作人员的前呼后拥让你不想注意他都难。看来偶然中蕴藏着必然。想来这些狗仔和明星之间可能都有着不可言说的默契,你上头条,我完成任务,的确是两全其美,双方受益。

明星这种特立独行的穿衣风格的确会在不知不觉中引起人们

的注意，但是生活中很多时候，人们需要一定意志努力才能将注意力集中起来。这就涉及注意的三种类型：无意注意、有意注意和有意后注意。

无意注意是指事先没有预定的目的，不需要意志努力就能实现的注意，也可称为不随意注意，它是人们不由自主地对那些强烈的、新颖的、感兴趣的人和事物表现出的心理活动的指向和集中。例如，在安静的会议室中，突然有东西从桌上掉落摔到地上，大家会不自觉地抬头寻找声源；上课时，突然有迟到的同学闯进教室，学生们会不由自主地向他望去。

由于无意注意既没有预定的目标，也不靠人的意志努力，因而无意注意的引起和维持主要取决于刺激物本身的性质和强度。这样看来，无意注意是一种消极且被动的注意，是注意的初级形式。但从另一方面来说，正是由于无意注意不需要意志努力来引起和维持，因此它具有一个优点，不易使个体产生疲劳。

引起无意注意的因素主要有两大类，一是客观刺激物本身的特点，二是人的主观状态。客观刺激物本身的特点包括刺激物的强度，如闪电、爆炸声、刺激性气味都会引起人的无意注意。一般来说，刺激物强度越大越容易引起人的注意。但相对强度比绝对强度在影响无意注意上更为重要。比如在人声鼎沸的闹市区，大声呼喊某个人也不会引起其注意，而在静谧的图书馆阅览室，别人轻微的咳嗽声也能引起注意；有时反其道而行之也会引起人的无意注意，比如小学低年级的学生本身注意力水平并不高，课堂上当小学生们交头接耳而不顾老师的提醒时,老师与其大声疾呼,不如销声伫立,这反倒能使小学生们将注意力重新集中到老师身上。

刺激物的新颖性。新颖奇特的事物容易引起人的无意注意。如今网络上的"标题党"就是从这个角度入手吸引网友注意的。原本一条普通新闻,被"标题党"加上一个颇能博人眼球的题目,吸引人们纷纷点击。还有一些广告,在色彩、字体、内容等设计上都构思精妙,让观赏者很容易被它吸引,从观赏广告进而关注产品。

刺激物的变化。在相对静止背景上运动的事物容易引起人的无意注意,如黑板前飞过一只小飞虫会引起学生的注意;一个平时穿衣朴实无华的同事突然有一天盛装打扮,容易引起其他同事的注意;闪烁的霓虹灯、实时变化的大屏幕都会成为人们注意的对象。此外,有经验的老师在讲课时会不辞辛劳,在讲台上,甚至教室中走来走去,其目的也是希望通过位置移动吸引学生的注意。

刺激物的对比。与周围环境产生强烈对比的刺激物容易引起人们的无意注意。俗语所谓"鹤立鸡群""平地惊雷""万绿丛中一点红",以及《口技》中先是听众们"满座寂然,无敢哗者"才能听到"深巷中犬吠,便有妇人惊觉欠伸",这些都是由于强烈的对比才使刺激物优先引起人们的注意。回想明星出行时不同常人的全副武装以及前后簇拥的随行人员,这与常人出行轻装简行的作风大不相同，这种强烈的对比更容易引人注意。

此外，人的主观状态也影响着无意注意，具体的因素有：人的需要和兴趣。能够满足人的需要、引起人的兴趣的客观事物容易引起无意注意，一个饥饿的人面对琳琅满目的货架，更容易注意到可以吃的食物；一个母亲在逛街购物时，儿童食品、服装更容易吸引她的注意；在收看天气预报节目时，自己或家人所在地的天气信息更容易被关注到。这些都说明了人的需要和兴趣对注意效果的影响。

人的情绪和精神状态。心情愉悦、精神饱满的人会对平时不太注意的事物产生注意，而情绪低落、精神萎靡的人会对许多事物视而不见、听而不闻；此外，人的知识经验也会影响注意内容。金融行业的从业人员对于国家的经济政策会格外注意，心理咨询师对人的情绪、动作等有更多关注。

与无意注意相反，有意注意是一种有预定目的、必要时需要做出意志努力的注意，它也被称作随意注意。在学习、工作的过程中，由于认识到学习的重要性，即便学习中遇到困难或受到干扰，人们依然会通过自己的意志力努力克服困难去学习，这就是一种有意注意。

有意注意受人的意识支配、调节和控制，充分体现了人的能动作用。但是有意注意需要一定的意志努力，消耗的精力较多，容易产生疲劳，从而引起注意分散。一般而言，随着年龄的增加，人的有意注意水平不断提高，到成年达到高峰。婴儿几乎没有完备的有意注意能力,任何轻微的风吹草动都会使他们转移目光,小学儿童的注意力水平稍好,但每节课大约只有15分钟的注意力集中时间,成年人的有意注意能力最好,但注意力大约可以集中半小时。当然,好的注意能力还包括自知走神时,重新将注意力转移回来。下面是一个检测注意力水平的游戏,感兴趣的朋友可以试试看。

注意自己的注意力

下面表格中所列的数字为10~59,如果你能在30秒内找到3个连续的数字(如10、11、12或37、38、39等),说明你的注意力水平属中等;如果你能在15秒内找到,说明你的注意力水平属于上等;而如果你要一分半钟才能找到,则说明你注意力分散,需要好好训练注意力了。

34	19	42	54	45
26	16	39	28	57
40	35	14	56	30
12	29	44	51	23
50	43	36	24	11
37	20	55	32	47
25	41	17	53	38
52	18	21	31	46
13	22	48	10	58

有意后注意是事先有预定的目的,但无需付出意志努力的注意,也称为继有意注意。例如,人们在骑自行车时可以关注路边的景物,可以与同行的人讲话,并不需要关注骑自行车这一动

作，因为骑车的动作已经非常熟练，完全可以进入到有意后注意的范畴。同样道理，一些女性在织毛衣时可以看电视、谈话，但丝毫不影响她的手指在毛线中上下翻飞，这都是有意后注意的结果。

有意后注意是一种更高级的注意形态，它是注意内容自动化之后的产物，它具备了无意注意和有意注意的优点。有意后注意的引起，会以有意注意为先导，因此具有预先的目的性，同时不需要意志努力，因而不会使个体产生疲劳。正因为如此，它在人们从事长时间持续的活动任务时十分有效，也是人们从事创造性活动的必要条件。

3.3 飞行员的注意力到底有多强
——注意品质

驾驶银鹰在蓝天上飞翔是很多人，尤其是很多男孩子的梦想。要想成为一名优秀的飞行员，不仅要有完备的飞行知识，还要具备优秀的心理素质。高水平的注意力品质就是其中之一。飞行员在飞行中需依次完成许多任务，如经常观察座舱外的各种目标，阅读座舱内的各种仪表，判断飞机的状态，及时操纵飞机，还要同地面指挥员、机组成员及其他飞机上的驾驶员保持无线电联系等。因此，他必须善于合理分配注意力，注意范围要广，要根据不同飞行阶段和飞行课目的要求有计划、按顺序、及时、迅速地把注意力从一种对象转移到另一种对象上，当需要专注某一事物时，又能集中注意力。否则就不能准确及时地反映客观事物，造成顾此失彼，操纵错误。可见，良好的注意广度和注意分配，注意迅速转移，适当的注意强度等是飞行职业必需的重要品质。

注意的品质可以反映一个人注意的发展水平。注意的品质包括注意的广度、注意的稳定性、注意的分配和注意的转移四个方面。

注意的广度也叫做注意的范围，指的是一个人在同一时间内能清楚地察觉到的对象的数量。实验表明，在注视点来不及转移的很短时间内（1/10秒），成年人一般能同时把握4~6个没有联系的符号或8~9个排列不规则的黑色圆点。注意的广度也可以说成是知觉的广度，一个人知觉的对象越多，注意的广度就越大；反之，知觉的对象越少，注意的广度就越小。注意的广度可能会影响人们的工作效率，尤其会影响从事裁判员、驾驶员等需要较大注意范围工作的人员的效率。飞行员在驾驶飞机时，面对各种仪表、开关和按钮，注意的广度一定要大，忽略任何一个步骤都难以实现平稳安全的飞行。

人的注意广度并不是固定不变的，而是随主客体特点的变化而变化。也就是说，不同的人对同一事物的注意广度是不一样的，而同一个人面对不同事物时注意广度也会有所不同。影响个体注意广度的因素主要有以下四个：（1）对象的特点。一般来说，知觉的对象越集中，排列得越有规律，注意的广度就越大；（2）个体的经验。知识经验丰富的人善于把所感知的对象组成一个有机的整体来感知，从而扩大了注意的广度；（3）活动任务的特点。通常活动任务越多，越复杂，个体的注意广度越小；（4）个体的情绪状态。这里主要说的是情绪的紧张性，人在紧张的情况下，会沉浸在注意的对象中，而注意不到周围的其他事情，因此注意广度减小。高度的责任心和浓厚的兴趣爱好都能引起一个人高度紧张的注意，而厌倦、疲惫则会使注意的紧张性大打折扣。"心无旁骛"和"心猿意马"就是由于个体不同的情绪状态产生的不同注意广度。

注意的稳定性又称作注意的持久性，是指注意在某一对象上所保持的时间。例如，学生在上课的45分钟内使自己的注意力保持在与教学有关的对象上。注意的稳定性是注意的时间特征。

注意稳定性是指注意保持在同一对象上的时间。通常人对同一事物的注意很难在长时间内保持固定不变，而是周期性地加强或减弱，这种注意稳定性的变化现象称作"注意的起伏"。注意起伏的周期包括一个正时相和一个负时相，正时相时感受性提高，感觉到有刺激或刺激增强；负时相时则感受性降低，感觉不到刺激或刺激减弱。普通成年人一次正常的起伏周期平均为6~8秒。一般情况下注意的起伏不会给我们的日常生活带来明显的影响，但在要求对刺激做出敏捷而精确的反应时，一定要将注意的起伏因素考虑在内，例如，田径比赛中，预备信号和起跑信号之间的时间间隔要控制在2~3秒之间，就是考虑了注意起伏的因素。

生活中我们会说某个人可以"一心二用"或"一心多用"，实际上说的是注意的分配。心理学上将注意的分配定义为进行两种或两种以上活动时注意同时指向不同的对象。例如，驾驶员在驾驶汽车时，不仅要关注路面交通情况，同时要操作方向盘，还要控制刹车、油门和离合器。弹钢琴时，弹奏者的眼睛要同时看两行乐谱，两只手也要敲击不同的琴键，才能合奏出优美的旋律。注意的分配是有条件的，一般情况下，我们很难同时完成两项需要注意力高度集中的任务。能否实现注意的分配，主要取决于个体对任务的熟悉程度。如果同时进行的多种活动中只有一种是不熟悉的，其他活动都已经驾轻就熟可以"自动"或"半自动"完成，此时注意就可以很好地分配到这几项活动中。

最后要说的是注意的转移。注意的转移是指根据新任务的要求，主动把注意从一个对象转移到另一个对象上。注意的转移要求新的活动符合引起注意的条件，同时注意的转移与之前的注意强度有关。之前的注意越集中，接下来的注意转移就越难。

这里要将注意的转移和注意的分散区分开来。注意的分散也就是我们平常说到的"分心"。注意的转移带有主动性，是根据任务的需要，有目的、主动地把注意转向新的对象；而注意的分散是消极被动的，个体由于某种刺激物的干扰或单调刺激的长期作用导致注意离开需要注意的对象。

在学习、工作和生活中，善于主动、迅速地转移注意十分重要，这一重要性在那些要求短期内对新刺激做出快速反应的工作中显得更为突出。一名优秀的飞行员在起飞和降落的 5~6 分钟内，注意的转移超过 200 次。一旦注意的转移不及时，造成的后果是难以设想和承担的。

3.4 记忆冠军的超级大脑
——记忆术

2014年,《最强大脑》让全国观众的关注点从"颜值"转移到"脑力",节目上来了一位"记忆大师",他就是王峰。王峰在《最强大脑》终极比赛中代表中国队迎战德国队并取得了胜利,他惊人的记忆力实在令人叹服!其实,早在2010年广州举行的"世界脑力锦标赛"中王峰就已经展露锋芒。他能在1小时内正确记忆2280个无规律数字,19.50秒记住一副扑克牌的顺序。而在2011年的"世界脑力锦标赛"中,王峰更是以5分钟记忆500个数字,1小时记2660个数字,听记300个英文数字的成绩,打破3项世界纪录!"世界记忆之父"托尼博赞惊叹:"王峰的纪录在今后几年恐怕都没有外国选手可以打破,王峰是该比赛有史以来最优秀的一名选手。而他所在的'中国记忆精英战队'是全球最顶尖的记忆团队。"王峰的记忆力为何如此超群?他有何记忆诀窍?下面我们就一起来解开记忆的奥秘。

记忆是过去经历的事物在头脑中的反映，是人们对过去的经历和当前思维的串联，它与人们的学习、工作和生活紧密相关。人们在实践中感知过的事物、思考过的问题、产生过的情绪，并不会因为时间推移和地点更改而在头脑中消失，相反，其中有一部分会作为经验保存在头脑中，在以后的一定条件下可以得以恢复。例如，对于曾经到访过的某个风景名胜，多年后故地重游时人们就会回想起当时在这里游玩的情景和心情，对那里的一草一木、一山一水、一亭一桥都有着莫名的熟悉感；再比如，学生在学习过程中可以把课文背诵出来，把要求掌握的概念、定理、公式记住，把学过的外语词汇和语法规律烂熟于心，还会记得曾经做错的题目，尽量在再次遇到的时候不再犯错。头脑中对过去经验的保存和恢复的过程就是记忆。记忆的对象十分宽泛，可以是我们曾经看到过、听到过、闻到过、触摸过的各种可以感知的事物，也可以是曾经分析过、思考过、推演过、计算过的事物，还可以是曾经产生的情绪和做过的动作，这些都可以称为"过去经历的事物"。

记忆在人们的生活中发挥着十分重要的作用，如果没有记忆，很多旧经验就无法对当前的心理产生影响。离开了记忆，人类将永远处于新生儿状态，人类文明也不可以代代相传。丧失了记忆，人将无法正常生活。

依据信息在人脑中储存时间的长短，记忆可以分为瞬时记忆、短时记忆和长时记忆。

瞬时记忆也可称作感觉记忆,指的是当感觉刺激停止后头脑中仍然能够保持瞬间映像的记忆,瞬时记忆十分短暂,一般保存时间只有几秒钟。视觉的瞬时记忆在1秒以下,听觉稍长,为4~5秒。瞬时记忆的信息保存形象生动,信息量大但时间短暂,而瞬时记忆中的对象受到注意可以转入短时记忆。

短时记忆指的是信息保存时间在1分钟内的记忆,它还有一个别称,叫做电话号码式记忆。如果要记住一个陌生人的手机号码,在对方刚刚报出一串数字后人们可以很快重复背诵出来,在没有其他记录方式的情况下,过几分钟后就会把这串数字忘掉。这串电话号码就是被储存在短时记忆中。短时记忆在工作、学习和生活中不可缺少,如翻译员的口译过程、查号台的服务、学生听课做笔记等都是短时记忆功能的体现,因此这一记忆又被称为"工作记忆"。短时记忆的容量有限,一般为5~9个单位或"组块",组块的容量不同,短时记忆的绝对容量也不同,因此通过组块可以扩大记忆的信息量,如数字989121375973,虽然数字超过了9个,但我们可以将它分组为989-1213-75-973,从而减轻记忆的负担,扩大记忆容量。短时记忆经过复述、应用和进一步加工。可以转入长时记忆。

长时记忆是指信息在头脑中长时间保留的记忆,保存时间在1分钟以上,短至几小时、几天,长至几个月、几年,甚至终身。长时记忆的功能是备用性的,即长时记忆中储存的信息在不用时处于潜伏状态,只在需要时才被提取到短时记忆中。例如在数学运算中涉及圆的面积计算,便从长时记忆中将公式 $s = \pi R^2$ 提取到短时记忆中,运算完成后又放回长时记忆中储存。因此,短时记忆是动态的,长时记忆是静态的,长时记忆通过提取到短时记忆中而发挥作用。

与短时记忆相比,长时记忆的容量非常大,但至今尚不能给出一个明确的容量范围。有人认为一个人的长时记忆可以储存 10^{15} 比特信息,这相当于美国国会图书馆藏书量1000多万册的50倍。进入长时记忆的信息,一方面依靠对短时记忆的复述、应用和加工把新的信息纳入个体已有的知识体系中,另一方面某些信息过于特殊,由于印象深刻一次就形成了长时记忆。

瞬时记忆、短时记忆和长时记忆既有区别又相互联系,它们既可以看作是记忆的三个不同种类,也可以看作记忆系统在信息加工过程中相互联系的三个阶段,相互之间的关系如图 3.1 所示:

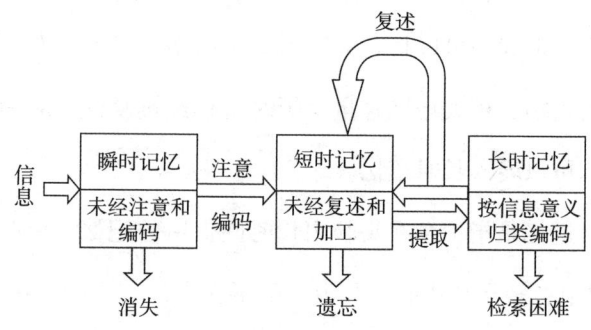

图3.1 记忆的三级加工系统模型

根据记忆的内容维度，记忆又可划分为动作记忆、形象记忆、语词记忆和情绪记忆。动作记忆又称为运动记忆，记忆的内容是过去的动作或内容，如计算机操作、骑自行车、体操和舞蹈动作等的完成都是依靠动作记忆。形象记忆是以过去感知的事物的形象为内容的记忆。语词记忆的内容是概念及其文字、数字符号。与形象记忆不同，语词记忆主要记忆的是反映事物的内涵、性质、意义等的单词、定义、公式、定理等，它在人的各种记忆中起主导作用，对学生来说尤其如此。情绪记忆的内容是体验过的情感和情绪。情绪记忆不仅在文艺创作和表演艺术中发挥重要作用，而且也是一个人情感发展过程中不可缺少的、情绪体验积累的心理机制。

根据记忆的意识维度，可以将记忆划分为内隐记忆和外显记忆。内隐记忆是指个体本身并未意识到其存在，又能在无意中提取的记忆。心理学家在对健忘症患者的记忆研究中发现，患者虽然不能有意识地保持内容，不能在再测测验中辨认出之前学习过的单词，但在补笔测验中却不知不觉地表现出对这些单词的保持效果。外显记忆则与内隐记忆相对，指的是有意识提取信息的记忆，我们通常提到的记忆大多属于外显记忆。

3.5 哆啦A梦的"记忆面包"
——遗忘规律

在风靡全球的动漫《哆啦A梦》中,有一集名叫"记忆面包"。故事中大雄因为担心考试而急得焦头烂额,于是向哆啦A梦求助,想要借一种能应付考试的工具。刚开始哆啦A梦拿出了能吹走学校的电风扇和能让老师变成怪兽的动物灯来终止考试,可是大雄不敢去做,无奈之下哆啦A梦拿出了记忆面包。只要把面包贴在书本上,印上内容,然后吃下,便可以完全记住内容。当然,故事的结局,大雄因吃了太多面包而吃坏了肚子,结果把记住的又给排出来了,最终也没能赢得考试。但是,记忆面包的神奇功效却让很多小观众神往不已。每逢背书考试,很多学生都会发出"要是能有块记忆面包该多好啊"的慨叹。时至今日,记忆面包没有找到,但是心理学却揭开了人类记忆和遗忘的奥秘。

遗忘是指对识记过的信息不能再现或再认,或是错误地再现或再认。在记忆系统的信息加工过程中,我们可以看出遗忘穿插在记忆系统的各个环节。对于学生而言，由于要应付考试，很多人会认为遗忘是个坏事情，如果能记住更多内容，减少遗忘，甚至不遗忘该有多好。但是实际上，遗忘在人的思维中占有十分重要的位置，它对于人保持健康的心理状态是必不可少的。

遗忘对于大脑的作用就好比清扫房间。一个房间一周不打扫暂且可以居住，一年不打扫就没法进人了。大脑也一样，如果一个人只记忆而不遗忘，那么用不了多久沉重的记忆就会压得他喘不过气来，进而产生生理和心理问题。因此，遗忘可以将一些不重要的、意义不大的、具有消极意义的事件"清扫"出记忆范围，减轻大脑的负担，降低脑细胞的消耗。有时，当人们遭遇了巨大的不幸时，如在童年时双亲亡故，大脑就会自动启动保护措施，让人产生针对性遗忘。这实际上也是大脑进行的一种自我保护，从这个意义上说，遗忘是不可避免也无需避免的。

德国心理学家艾宾浩斯运用无意义音节来考察遗忘的规律，根据实验结果绘制出"艾宾浩斯遗忘曲线"。该曲线表明，遗忘进程是不均衡的，在识记后的24小时内遗忘速度较快，而经过一段时间后，遗忘会渐渐放缓。也就是说，遗忘的进程是先快后慢。

遗忘的进程受许多因素的制约，如识记内容的性质、数量，识记的方法以及识记的程度等。研究表明，在人的生活中不占主要地位的、不能引起人的兴趣、不能满足人的需要的事物容易被遗忘；事物的细节容易被遗忘；而令人感兴趣、符合人的需要又具有情绪作用的内容则不容易被遗忘；比较复杂的内容，开头和结尾不容易忘,而中间部分容易被遗忘。

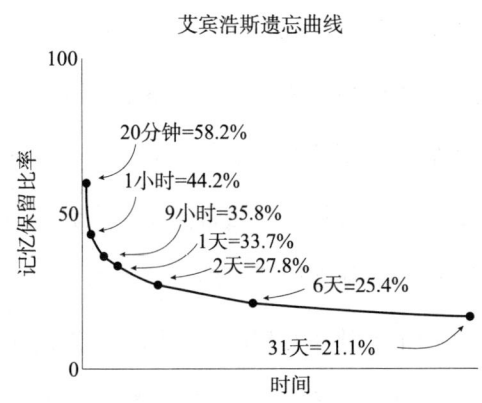

图3.2　艾宾浩斯遗忘曲线

开头和结尾部分的信息不容易被遗忘的现象称为记忆的位置序列效应。有研究者用首位效应和近因效应来解释序列位置效应产生的原因。

在心理学和社会学中,首位效应指的是开头刺激或信息的记忆过于引人注目的一种认知偏差。例如读一份相当长的人员名单,读完后人们可能只记得开头部分的人员姓名,这种现象被解释为:由于在一个事件序列的开头时短期记忆远没有在中段和末端时那么"繁忙",相对来说就有更多的时间去处理信息,使其转换进入长时记忆,从而足以保存更长时间。与首位效应相对,近因效应指的是末端刺激或信息记忆过于引人注目的另一种认知偏差。例如,一位司机在高速公路上行驶时看到了同样数量的红色汽车和蓝色汽车,但如果在下高速时他看到的是一辆红色的汽车,那么他会认为这趟旅行中他见到了大量的红色汽车。在一些文艺比赛中，选手都希望比较靠后出场，就是由于记忆的近因效应会使观众更容易记住后面出场的选手，从而在投票中获得更高的支持率。

关于遗忘的原因众说纷纭，其中"干扰说"的观点已经得到心理学实验的支持。研究表明，性质和时间上相互接近的知识和经验，既可以相互促进，也可以相互干扰。前摄抑制是指先学习的材料对后学习材料的回忆有干扰作用，后摄抑制是指后学习的材料对先学习材料的回忆有干扰作用。例如一个人先学习了文章A，后学习文章B，那么这个人在回忆文章B时受到文章A的干扰而降低对文章B的回忆效果，这就是前摄抑制；而当这个人回忆文章A时，受文章B的干扰而降低对文章A的回忆效果，这就是后摄抑制。

前摄抑制和后摄抑制有很多制约条件，包括前后学习材料的性质、难度、学习时间的安排和学习巩固程度等。前后两种学习材料在相似性中等时抑制作用越明显，而相似性大或相似性小时抑制作用不明显；如果前后学习材料中有一个难度较大，那么抑制作用也会变大；前后两种学习时间间隔越短，抑制作用越大；而学习巩固程度越高，越能够抵制干扰，抑制作用越不明显。

从前摄抑制和后摄抑制的概念出发，也可以解释序列位置效应产生的原因。在学习一种材料中，开头部分只受后摄抑制影响，结尾部分只受前摄抑制的影响，而中间部分会受到两种抑制作用的共同影响，因此双重干扰影响了中间部分的记忆效果。

3.6 福尔摩斯的强大"武器"

——思维的特性

福尔摩斯是阿瑟·柯南·道尔笔下的侦探人物,虽然从他诞生到现在已经超过一个世纪,但他智慧的故事和传奇的破案经历现在仍散发着耀眼的光芒,受到无数人的追捧。福尔摩斯擅长运用观察与演绎法推理,并结合司法科学来解决疑难案件。他能察觉到他人不会留意的细节,并从中推断出大量的信息,抽丝剥茧,条分缕析,最终破解案件谜团,他的司法科学及演绎法推理,在现代犯罪侦查中也有广泛的应用。毋庸置疑,福尔摩斯已经成了名侦探的代名词,聪明人的代名词,福尔摩斯已经成了一种象征智慧的符号。福尔摩斯也对后世的侦探作品产生深远影响,日本漫画家青山刚昌创作的侦探漫画《名侦探柯南》主人公的名字——江户川柯南,就是根据福尔摩斯的作者柯南·道尔和日本侦探小说家江户川乱步的名字组合而成。

那么,获得如此关心和喜爱的福尔摩斯是如何根据案发现场的各种细节和痕迹,还原案发现场,找出真凶的呢?他最强大的武器是什么呢?

福尔摩斯故事所在的年代还没有太多的高科技手段，他所凭靠的完全是自己细致的观察能力和缜密的逻辑思维。思维是人类征服世界最强大的武器。

思维是人对客观现实的间接和概括的反映，是认知的高级形式，它反映的是客观事物的本质属性和规律性的联系。人可以通过思维完成概括、判断、推理等复杂的心理过程。思维是在感知觉的基础上完成的。感知觉是人脑对客观现实的直接反映，而思维则在此基础上，对事物进行更深层次的加工，所以思维带有浓烈的个人色彩，分析个体的思维特点可以对个体有更深入的了解。

思维具有概括性、间接性和问题性三个基本特性。

思维的概括性是指抽取同类事物的共同特征，加以推广和应用，用以反映事物之间固有的、必然的联系。

概括性一般表现在两个方面，一是思维可以抽取同类事物的共同特征并加以概括来反映事物，透过感知觉获得的表象探究事物的本质，这是感知觉无法做到的。比如，通过感知觉可以观察到不同种类、形形色色的鸟类的外形及其活动情况，但通过思维才能概括出这些鸟类的本质特征，会飞翔只是鸟类的表象，本质上鸟类具有有翅、卵生等特征。通过思维整合的鸟类的特点，人们可以知道已经丧失基本飞行能力的鸡、鸭、企鹅等也属于鸟类，而蝙蝠虽然会飞却不是鸟类。这些都是我们透过表象，通过思维概括出本质特征并对事物加以分类的。

二是思维能通过概括事物间的必然联系来反映事物。事物间必然性的联系即规律,思维可以透过事物的表面现象揭示其内在规律,例如可以用 $2n+1$（$n=0,1,2\cdots\cdots$）来表示所有的奇数;在接近除夕时我们总会看到猎户座腰带部分的三颗星星处在正南方,因此有了"三星正南,就要过年"的说法。这些都是人们通过思维概括事物规律性的联系,从而指导实践的例子。

思维的间接性是指思维可以通过个体已有的知识和经验,以其他事物为媒介来反映事物,即人们在没有直接感知到事物的情况下可以通过思维,可以根据已有的信息推断出没有直接观察到的事物。例如,考古学家并不能回到古代观察古人的生活习俗和礼教信仰,但可以根据出土的文物以及相关文字的记载推断和还原古代的社会风气和文化风貌。古诗"春江水暖鸭先知""一叶落而知天下秋"都是通过"鸭下水""树叶落"这些外在表象间接地推断季节的更替。

思维的另一个特性是问题性,问题是引起思维活动的重要条件。人们在认知活动中经常会遇到一些存在疑惑或难以解决的理论性或实践性的问题,并产生一种怀疑、困惑和探究的心理倾向,这种倾向推动了思维的进行。同时,思维还体现在解决问题的过程中,解决问题的各个环节都以思维活动为中心。福尔摩斯之所以能够识别种种假象破获案件,与他强大的问题解决能力是分不开的。影响问题解决的因素将在下面的篇章中谈到。

个体的思维品质主要包括思维的敏捷性、广阔性、深刻性、逻辑性、灵活性、独立性、批判逻辑性、创造性等，其中敏捷性、深刻性和创造性最为重要。

思维的敏捷性是指个体能够迅速而有效地解决问题的思维品质。培养思维的敏捷性首先要养成良好的注意习惯，保持注意力高度集中是解决问题的重要前提；其次要培养强调效率的竞争意识，正当的竞争可以激发思维的扩展；最后，说话和写字速度的培养，思维敏捷才可以做到反应快，语速快，从而反过来促进思维更加敏捷。

思维的深刻性来源于认真的思维活动，只有对所学知识认真地进行分析、综合、比较、抽象和概括才能获得更为深刻的认识。首先要提供感性材料，加强从感性到理性的抽象概括的训练；其次，在教学中指导积极迁移，推进旧知向新知转化的过程；再次，强化联系指导，促进从一般到个别的运用，做到"举一反三"；最后，对知识进行分类和整理，促进思维的系统化。

思维的创造性是指运用个人的思维才智创造出新颖独特且有价值的产品的能力。关于思维创造性的培养，首先要保护好已经产生的好奇心，不可将好奇心用世俗的条条框框约束，更不能扼杀好奇心；其次要注意个性的培养，很多人在学习和生活中会表现出特立独行、极少从众的特点，这种个性不能压抑，要通过正确的方式进行引导；最后要注意实践能力的培养，实践活动不仅可以将已经学到的理论放到实践中去运用,同时可以在实践中发现新的问题,或提出新的解决办法。创造性的思维培养是一个需要社会、家庭、教育体制协同努力的大工程,也是眼下中国亟需培养的品质。

3.7 "左撇子"该不该被纠正
——左右脑的分工

小美最近遇到了麻烦事。她3岁的女儿天生是左撇子，吃饭、拿筷子、写字画画都是左手"先上阵"。可作为母亲的小美觉得左撇子"看起来很笨"，生活中容易和别人手肘"碰架"，使用公共设施时也不方便，所以千方百计让她"左手换右手"。没成想，大半年的努力不仅让孩子痛苦不已，进步却微乎其微，而且最近遇到了一个不小的麻烦：半个月前，说话一直正常的孩子忽然变结巴了。现在小美既要纠正结巴，还惦念着左撇子，尤其近几天婆婆说，孩子的结巴是小美纠正左撇子造成的。这让小美有口难辩，心急如焚。那么，左撇子和口吃到底有没有关系？左撇子如果不纠正，会对人的智力和发展造成影响吗？

左撇子是对有"左利手"习惯者的俗称。有研究称，世界上有11%～13%的人习惯用左手，我国"左利手"占总人口的6%～7%，近1亿人。左利手的成因，目前学界并没有全面的认识,但有一个因素占了比较大的比重,就是遗传。研究表明,父母有一方惯用左手,子女出现惯用左手的概率为17%,如双亲都惯用左手,这个概率就高达50%以上。小美的丈夫和婆婆都是左利手,所以女儿是天生的左利手也不足为奇。关键问题是,该不该去纠正这种天生的倾向呢?

要想了解这个问题,就要首先了解"利手"和大脑的关系。众所周知大脑有两个半球,在正常的情况下,大脑是作为一个整体来工作的,来自外界的信息经胼胝体传递,左、右两个半球的信息可在瞬间进行交流(每秒10亿位元),人的每种活动都是两个半球信息交换和综合的结果。那么,如果阻断两个半球"互通有无"将会怎样呢?

美国心理生物学家斯佩里在1952~1961年的10年里,先用猫、猴子、猩猩做了大量的割裂脑实验,取得了一些成绩,为以后做"裂脑人"的研究奠定了基础。从1961年开始,斯佩里把"裂脑人"作为研究大脑两半球各种机能的研究对象,对"裂脑人"进行了一系列长时间的实验研究。所谓割裂脑实验就是将大脑左、右两个半球之间的胼胝体割断,外界信息传至大脑半球皮层的某一部分后,不能同时又将此信息通过横向胼胝体纤维传至对侧皮层相对应的部分,每个半球各自独立地进行活动,彼此不能知道对侧半球的活动情况。观察裂脑人的行为异常就可以知道左右两个半球各自的功能。

研究发现,左半脑主要负责逻辑理解、记忆、时间、语言、判断、排列、分类、逻辑、分析、书写、推理、抑制、五感（视、听、嗅、触、味觉）等，思维方式具有连续性、延续性和分析性。因此左脑可以称作"意识脑""学术脑""语言脑"。右半脑主要负责空间形象记忆、直觉、情感、身体协调、视知觉、美术、音乐节奏、想象、灵感、顿悟等，思维方式具有无序性、跳跃性、直觉性等。斯佩里认为右脑具有图像化机能，如企划力、创造力、想象力；与宇宙共振共鸣机能，如第六感、透视力、直觉力、灵感、梦境等；超高速自动演算机能，如心算、数学；超高速大量记忆，如速读、记忆力。右脑像万能博士，善于找出多种解决问题的办法，许多高级思维功能取决于右脑。把右脑潜力充分挖掘出来，才能表现出人类无穷的创造才能。所以右脑又可以称作"本能脑""潜意识脑""创造脑""音乐脑""艺术脑"。右脑的神奇功能征服了全世界，斯佩里为全人类做出了卓越的贡献，受到全世界人民的爱戴，被誉为"右脑先生""世界右脑开发第一人"，斯佩里的重要研究成果是人类大脑科学研究的重大里程碑，他由此获得1981年诺贝尔生理学或医学奖。左右半球的功能差异请见图3.3。

脑半球与身体控制恰好是交叉控制的关系，也就是说左半脑控制右侧身体，而右半脑控制左侧身体。左利手者由于频繁使用左手，使得右半脑得到了较多刺激，所以其右半脑相比右利手者要发达得多。相对而言，左利手者擅长直觉思维，具有艺术天赋，在音乐、美术方面表现较好；在对神经反应要求很高的对抗

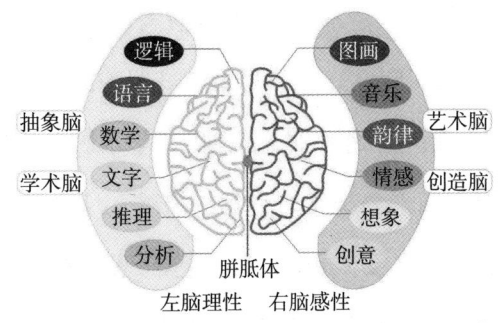

图 3.3　左右脑半球功能图

性体育项目上（如乒乓球、拳击），左利手可以发挥其右脑"神经短路"的优势，快速攻击对方，出奇制胜；特别是在数学领域，左利手更加引人注目，据美国霍布金斯大学的学者研究，在具有数学天赋的孩子当中，左撇子几乎比常人多一倍。

古今中外，左利手成功人士数不胜数：科学界有牛顿、爱因斯坦、居里夫人；企业家有福特、盖茨、福布斯；艺术领域更是举不胜举，有达·芬奇、米开朗琪罗、毕加索、贝多芬、莫扎特、歌德等等。在《左撇子的神奇世界》一书中，作者称左利手是个盛产天才的群体。

所以，如果你的孩子也是左利手的话，不妨做到如下几点：

第一，无论家长还是孩子，都要充分认识到，左利手并不是异常现象，他们也和别人一样可以在自己的人生舞台尽情发挥，而且还有可能发展出别人所不及的能力。所以，我们建议妈妈们没有必要刻意纠正孩子的利手倾向，让孩子顺其自然成长。如果考虑到汉字的书写方向，想让孩子学会右手写字的话，那么要循序渐进，耐心辅导。如果方法不当，过于冒进的话，可能会导致语言中枢紊乱，造成孩子口吃、唱歌跑调等问题，如果用打骂的方式纠正孩子，还可能会让孩子对使用左手产生罪恶感，引发不自信等心理障碍。小美的女儿突然口吃，可能是改变带来的心理紧张感的一种外在表现。

第二，可以变问题为机遇，充分利用左利手在艺术、创造、数学方面的潜在优势，重点培养，说不定一个有天赋的艺术家、科学家会诞生在你身边。可以有意识地调动眼、耳感觉器官的活动。可以多听音乐和歌曲、看电视和电影、看图片和动画、观看表演、观看景物、摄影时用左眼取景、耳塞机插在左耳、用情景教学来学习外语等，这对于右脑开发都有较好的效果。

第三，需要提醒家长注意的是，由于右半球也是掌控情绪的半球，所以左利手的孩子更易遭受情感挫折，出现心理问题。又由于当下的很多公用设施都是为右利手设计的，所以左利手更容易发生各类伤亡事故。有学者为此做过调查，发现在运动受伤中，左撇子较右撇子高出20%；家庭意外伤害中左撇子高于常人49%；驾驶汽车发生交通事故的人中左撇子竟比常人多85%。看来，作为左利手孩子的父母不仅要在活动中、生活上给予孩子更多的照顾，对于孩子的心理需要，尤其是情感需要也要予以更多的关注。

3.8 可信男人长啥样

——思维的种类

生活中很多女孩子在谈到未来的结婚对象时,"可信""靠谱""安全感"是常常挂在嘴边的几个词。那么,什么样的男人容易被认为是可信的呢?英国心理学家做了一项有趣的实验,他们对英国111名女性进行了问卷调查,向她们出示120张不同的男性面孔,要求女性根据自己的主观感受判断出谁"诚实可信",并将此划分出5个梯度。调查结果发现,圆脸、大而圆的眼睛、淡眉、窄鼻、小鼻孔、大嘴、薄唇、下巴线柔和、面部汗毛稀少、肤色偏亮的男性长相被认为是诚实可信的。而方脸、深凹的小眼睛、浓眉、宽鼻、大鼻孔、小嘴、厚唇、下巴线刚毅、面部汗毛浓重、肤色铁青相貌的男士则相对"阴险奸猾"。专家根据这样的描述,用计算机合成了理想化的"最可信先生"的面孔,请看图3.4。

令人尴尬的是,如果按照这种区分法则,英国前首相布朗以及美国总统奥巴马皆被归入"不可信"的一类。而好莱坞巨星汤姆·克鲁斯、马修·布鲁德里克、英国男高音罗素·沃森皆被归入"诚实可信"的一类。

说到这,可能有人要问,为什么只有"可信先生"的调查而没有"可信女士"的调查呢?其实,考查一下这个实验的过程不难发现,被调查的女性完全是通过直觉对男人是否可信进行判断的,直觉思维是女性的特长。而男性惯用的分析思维包含了太多的理性成分,男人们可能会说:"你不能仅凭封面判断一本书的好坏,又怎么能根据细微的面部特征来判断一个人的诚信度呢?"

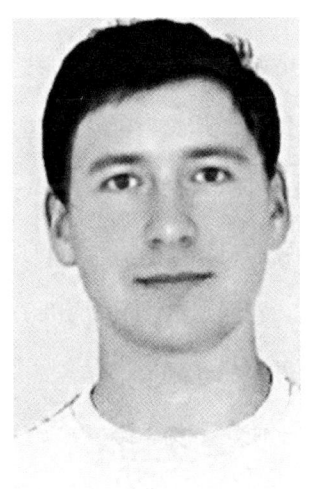

图3.4　计算机合成的"最可信先生"面孔

思维是一种极其复杂的心理现象,思维可以按照不同维度和标准进行不同的种类划分。直觉思维是思维的一种类型。

按思维的逻辑维度可以将思维划分为直觉思维和分析思维。

直觉思维是一种没有经过严密推理与论述而直接猜测问题关键的思维。许多科学家的发明创造最初就来源于直觉。这是一种非逻辑思维，它是人脑对于突然出现的新问题、新现象和新事物能快速理解并做出判断的思维方式，常表现为一种猜测、预感和设想等，但由于产生之初缺乏严密可靠的论证，容易被人们认为是毫无根据的妄想和臆断而被否定。一定程度上直觉思维可以看作是逻辑思维的凝聚和简缩，具有敏捷性、直接性、简缩性、突然性等特点。由于直觉思维出现得敏捷而突然，思维者往往意识不到直觉思维的过程而直接得到思维的结果，结果通常表现为灵感和顿悟。浮力定律就是阿基米德在洗澡时，看到澡盆中的水位随着浸入水中身体的多少发生升降，电光火石间灵感突现，提出了浮力定律。而分析思维与直觉思维相对，是一种严格遵循逻辑规律、逐步进行分析推导而得出合理化结论的思维。分析思维以严密的逻辑推理为特点，我们通过环环相扣的推理和论证获得解决问题的答案就是分析思维的体现。总体来看，男性倾向于使用分析思维，女性则倾向于使用直觉思维。

根据思维过程中凭借物的不同，可以将思维分为动作思维、形象思维和抽象思维。动作思维是以实际动作为支柱的思维，又称作操作思维或时间思维。成人的动作思维以丰富的知识经验为中介，并在整个动作思维的过程中进行调节和控制，如舞蹈艺术家的创作过程就是运用了动作思维。形象思维是凭借事物的具体形象和表象进行的思维活动。表象是指当事物不在眼前时，人们在头脑中形成的事物的形象。艺术家、作家、工程师等职业都需要在工作中使用形象思维。具体形象与语言相结合就形成了高级的逻辑思维,这种思维不仅运用了抽象的语词,而且具有鲜明的形象特点,一个典型的例子就是文艺作品,运用形象的东西说明深刻的道理和精神内涵。抽象思维则是运用概念、判断、推理等思维方式进行的思维活动。抽象思维有两种形式:公理思维和辩证思维。公理思维以人们公认的不证自明的道理作为推理依据,然后遵循形式逻辑规则在某一前提下推出某种结论。辩证思维遵循辩证法,从矛盾转化中来研究事物,而公理思维把握的是事物相对静止的一面。由于事物都是绝对运动相对静止,因此单纯依靠公理思维不能全面地认识事物,必要时要将公理思维上升到辩证思维。

按思维目标的方向不同,思维可以分为聚合性思维和发散性思维。聚合性思维是指把问题中所提供的信息聚合起来,朝着同一方向得出正确答案的思维,主要特点是求同。学生在考试过程中运用题目中给定的已知条件运算出正确答案,就是运用的聚合性思维。国家公务员考试中的"申论"提供了大量素材,要求应试者根据素材找到最核心的问题,并提出解决方法,其考察的也是"由面到点"的聚合性思维。发散性思维是指从一个目标出发,沿着各种不同的途径去思考,探索多种答案的思维,主要特点是求异和创新。学习中的一题多解就是鼓励发散性思维,比如说出袜子的20种用途,在考虑过穿在脚上防寒保暖等常规功能后，可以发散出装饰品、做沙包、收纳袋等其他具有创新性的用途。

  根据思维的创新程度可以分为常规性思维和创造性思维。常规性思维也称再造性思维，指人们运用已有知识和经验，按照现有的方式解决和处理问题的思维。创造性思维是指用新颖、独创的方式来解决问题。创造性思维既是发散性思维与聚合性思维的综合，也是直觉思维和分析思维的结合。如生活中我们切苹果，按常规性思维人们通常按苹果蒂竖直切下，一剖两半。而如果拿刀在苹果腰上横切，这时你会发现苹果中藏着一颗"小星星"，这就是创造性思维的体现。此外，"苹果"公司的成功也有赖于创造性思维和创造性产品的不断涌现，从电脑到智能手机，再到智能可穿戴设备，"苹果"产品无时无处不闪耀着创新的火花。

3.9 解决问题时的思维"陷阱"
——问题解决

有这样一个脑筋急转弯的题目。一天，警察在街上和一位老人谈话，一个孩子气喘吁吁地跑来对警察说："你还不快回家，你爸爸和我爸爸吵起来了。"老人问警察："这个小孩是你什么人？"警察回答："他是我儿子。"请问，家里的那两个人、警察、小孩之间是什么关系？

这个问题乍一看有点让人摸不着头脑。既然小孩是警察的儿子，那么小孩的爸爸不是在街上和老人说话吗？何来吵架呢？但仔细一想就会发现自己犯了一个错误。在你的思维定势中，你默认了警察应该是个男的，但实际上，这个问题中的警察恰恰是小孩的妈妈。小孩所述的吵架就发生在警察的先生和父亲之间。看来思维定势在有些时候可以助人更快地找到问题的答案，但有些时候却会限制思维。一起来看看，可能将思维引向死胡同的因素还有哪些。

问题解决这个概念，简单来说指的就是想办法解决问题，是给定信息与目标之间有某些障碍需要克服时，人类大脑进行的一系列有目的、有指向性的认知操作过程。问题解决是人类的思维方式之一，但并不是所有的思维活动都是为了问题解决。一般来说，问题解决的思维活动需要具备三个条件：一是具备明确的目的性，否则问题解决就失去了方向；二是需要具备一系列心理操作程序；三是必须具有思维认知成分的参与。

人们需要解决的问题多种多样，大致可分为两大类：有固定答案的问题和未定答案的问题。固定答案的问题十分常见，我们在考试中各种选择题和计算题都是有固定答案的问题，需要运用一定的知识、遵从一定的步骤来得出正确答案。而很多主观性试题在参考答案最后通常会标注"其他观点言之有理即可"，这就是未定答案问题。也有很多未定答案问题至今没有提出解决方案，总是争议不断。

影响问题解决的因素有很多，主要包括外部环境、问题难易程度、问题解决者本人的身心因素等。这里主要分析问题情境和问题解决者心理因素对问题解决的影响。

问题情境是指问题解决者所要解决的问题的客观情境和刺激模式。当个体在活动中遇到某种不清楚、不熟悉的客观事实或现象，运用已有知识经验和技能不能解决时就会出现问题情境。一般情况下，问题情境与个体的认知结构差异越大，问题就越难解决；反之，认知差异越小，问题解决越容易。问题情境中物体和事件的空间排列、问题元素的空间集合方式等都影响问题的解决。以一道几何题为例。图 3.5 中，已知正方形内切圆的半径为 2cm，求正方形的面积。这道题本身并不难，但是如果比较起来，当半径画在如左图所示位置时，相比右图，题目解起来会更加容易。

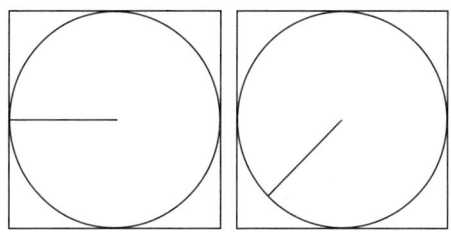

图 3.5　问题情境对问题解决的影响

定势是心理活动的一种准备状态，即在知识、经验的影响下解决问题的倾向性。这种倾向性一方面有利于我们利用已经掌握的原则和方法，快速有效地解决所面临的问题，促进认识的发展；另一方面可能会限制我们的思路，阻碍认识的发展。这是由于，一个人如果用某种思路解决了若干问题后，会促使其在以后遇到的问题中也使用这一思路进行解决。美国心理学家迈克曾经做过这样一个实验：他从天花板上悬下两根绳子，两根绳子之间的距离超过人的两臂长，如果你用一只手抓住一根绳子，那么另一只手无论如何也抓不到另外一根。在这种情况下，他要求一个人把两根绳子系在一起。不过他在离绳子不远的地方放有钳子、滑轮等物,尽管系绳的人早就看到了这些物品,却没有想到它们会与系绳活动有关,结果没有完成任务和解决问题。其实,这个问题也很简单。如果系绳人将钳子或者滑轮系到一根绳子的末端,用力使它荡起来,然后抓住另一根绳子的末端,待滑轮荡到他面前时抓住它,就能把两根绳子系到一起,问题就解决了,见图3.6。

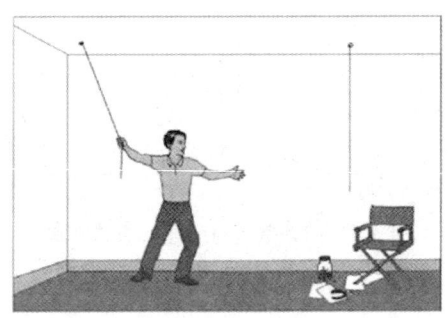

图3.6　结绳问题

功能固着是指个体在解决问题时只看到事物通常的功能,而看不到其他方面的功能。在解决问题过程中,能否改变事物固有的功能来适应新的需要,是解决问题的关键。在"曹冲称象"的故事中,当提到称象的办法,文武百官首先想到的是造一杆大秤,就是由于他们将"称重"这一功能固着在了秤上,因而在考虑称象时直接想到秤,没有考虑称象的秤要造多大、如何举起来等实际性问题。功能固着同心理定势类似,一方面有助于同类问题的迅速解决,但另一方面限制了我们的思路,在解决新问题时使思维受到阻碍。因此在解决问题的过程中，要充分调动思维的灵活性，从不同角度加以思考，跳出功能固着和心理定势的窠臼。

著名的"蜡烛问题"就展现了功能固着对人们思维的束缚。如图 3.6 所示，有一盒图钉，一盒火柴和一支蜡烛，要求只使用手上的材料，将蜡烛安全地钉上墙壁。在解决这个问题时，很多人将图钉盒的功能固着在"盛装图钉"上，而没有考虑到它们也可以作为平台使用，因而没能解决问题。如图 3.7 所示。

图 3.7　蜡烛问题

问题解决还会受到认知结构的限制。认知结构是指当人们面对问题时，对问题的认识、看法、印象等方面的心理反映。如果对问题有着明确的认知结构，问题解决就轻而易举，反之则不然。要突破认知结构的限制，使问题得以顺利解决，必须从认知结构的扩大和重组入手，突破原来的思路。哥伦布在一次晚宴上拿出几个熟鸡蛋，让几位对他发现新大陆十分不屑的贵族将鸡蛋在桌子上不加任何辅助工具立起来，贵族被几个周身圆滑的鸡蛋搞得焦头烂额，最终哥伦布公布答案，将熟鸡蛋一头磕碎作为底座，轻而易举地将鸡蛋立在了桌子上。这里几位贵族就是受到认知结构的限制，问题是将鸡蛋立在桌子上，并没有规定鸡蛋本身形状不可以改造，而几个人却只能对圆滚滚的鸡蛋束手无策。

　　问题解决还与动机与情绪有关。动机强度影响工作效率，而工作效率与解决问题有关，因此动机强度影响问题的解决。动机强度与问题解决效率之间也存在一定关系，通常呈倒"U"型曲线，即动机水平中等有助于问题高效解决，而动机强度过低或过高都不利于问题的高效解决。另外，当人处在解决问题的情境中时通常会情绪波动，而这种情绪波动又会反过来影响问题的解决。积极的情绪状态有助于问题的解决，而消极的情绪对问题解决不利。有些人在遇到难题和困难时会产生畏难情绪，这种消极情绪反作用于人脑，往往会使思维受阻，或使其头脑一片空白，从而影响问题的解决。

第四章　爱上心世界

4.1 "情绪""情感"和"感情"是一回事吗
——情绪与情感

今天早上开会时你被领导点名表扬,而且给予500元的现金奖励,一整天你都"心情很好";下班的时候你突然收到交往半年的女友发来的分手短信,你顿时感到"感情受挫";失望的你在这之后的两周里都很沮丧,做什么都打不起精神,于是你找到一个知心的朋友咨询"情感问题"。心情、感情、情感,都提到了"情",它们指的是一回事吗?

中国诗词中对"情"的描述更是多见:"国破山河在,城春草木深。感时花溅泪,恨别鸟惊心"表现的是爱国之情;"独在异乡为异客,每逢佳节倍思亲。遥知兄弟登高处,遍插茱萸少一人"讲的是思念亲人之情;"人有悲欢离合,月有阴晴圆缺,此事古难全"述说着朋友之情;"情不知所起,一往而深,生者可以死,死可以生。生而不可与死,死而不可复生者,皆非情之至也"说的是人类永恒的主题爱情。如此多"情","情"对人类有着怎样的意义呢?

第四章 爱上心世界

感情，是人内心各种感觉、思想和行为的一种综合的心理和生理状态，是对外界刺激所产生的心理反应，以及附带的生理反应。在人类的学习、工作和生活中，人的情感活动总是如影随形，或内隐含蓄，或外显张扬，或婉转缠绵，或慷慨激昂，或悲或喜，或烦或忧，形成了一个色彩斑斓并为人类所独有的复杂的情感世界。学理上人们常常把这种区别于认识活动、并同人的需要相连的感情性反应统称为感情。感是思维概念，是感觉，情是依托依赖。思想的相互依赖就是感情。感情是对一系列主观认知经验的通称，是多种感觉、思想和行为综合产生的心理和生理状态。我们常说的感情通常包括情绪和情感。

情绪是对一系列主观认知经验的通称，是多种感觉、思想和行为综合产生的心理和生理状态。情绪是最基本的感情现象，着重体现感情的过程方面。情绪往往具有明显的外部表现、持续时间较短。按照复杂性可以将情绪分为简单情绪和复杂情绪。简单情绪是指人类最基本、普遍存在的一些单纯情绪，目前学术界认为简单情绪一般应至少包括愉快、痛苦、愤怒、恐惧、惊奇等，而复杂情绪是个体在社会活动中、在简单情绪的基础上产生和发展的，如妒忌、谄媚、害羞、内疚、悲喜交加、悔恨交织、百感交集等。

情感是比较高级的感情现象，着重体现感性的内容，与情绪相比具有较稳定持久、内隐含蓄的特点，与人的基本社会性需要相联系。基本社会性需要是指个体较少受教育影响、带有一定的先天性成分、在后天环境中形成和发展起来的需要，如依恋需要、交往需要、尊重需要等。这些需要往往在个体发展早期就已经出现，甚至有些需要在高等动物中也能寻找到踪迹。哈洛夫妇曾经做过一个"恒河猴"实验，他们分别用铁丝和毛巾做了两个假的猴子母亲，铁丝母亲周身冷冰冰，但身上放有幼猴可以吃的奶瓶，毛巾母亲虽然有类似母猴的"温暖"，却没有奶瓶。他们观察幼猴对哪一个"母亲"更加亲近。实验结果表明，幼猴大多数时间依偎在毛巾母亲身边，只有在需要吃奶时才走到铁丝母亲身边。这证明了依恋需要是客观存在的。如果依恋需要经常得到满足，那么孩子就会发展出热爱母亲的情感，这种情感会长期存在，影响成年后的行为。同样道理，如果个体的交往需要、尊重需要等都能在一个国家或社会中得到满足，那么最终就会发展出爱国的情感。

图4.1 恒河猴实验

情绪和情感从本质来讲都是人脑对客观事物与主题需要之间关系的反映,属于同一类不同层次的心理体验,因而在日常生活中情绪与情感通常混用,但仔细研究起来二者是存在区别的。

首先,从产生原因看,情绪是由生物性需要是否得到满足而引起的体验,如饮食、安全等需要的满足与否引起愉快或不愉快等体验;而情感是由社会性需要是否得到满足而引起的体验,如尊重、交往等需要引起的体验。从这一角度来说,情绪是低级的,它为人类和动物共有,而情感是高级的,它是人类特有的。

其次,从二者的发生来看,情绪出现得早,情感出现得晚。新生儿一个月内就出现了愉快、痛苦的情绪反应。他们最初的面部表情具有反射的性质,而随后发生的社会性情绪反应就带有体验的性质,产生了情感。例如在母子交往中,母亲哺乳引起婴儿食欲满足的情绪;母亲的爱抚引起婴儿欢快、享受的情绪。当婴儿与母亲形成了依恋时就产生情感了。这种依恋具有相对稳定而平缓的性质。

最后,从二者的表现来看,情绪具有较大的随意性、暂时性和冲动性,它往往随着情境的转换和个体需要的满足或减弱或消失。情绪发生时会有十分明显的表现性,如高兴时手舞足蹈、喜上眉梢,愤怒时怒发冲冠、暴跳如雷,悲伤时泪眼婆娑、泣涕如雨;而情感则具有稳定性、深刻性、恒久性等特点,它更加深沉内敛,一旦形成便具有相对稳定的结构。

虽说二者相互区别,但情绪与情感也相互联系。情绪是情感的基础，情感是在情绪稳定的基础上建立起来的，并且需要通过情绪表现出来；情绪也离不开情感，情感的深度决定着情绪表达的强度，情绪发生的过程中往往包含着深刻的情感因素。例如，母亲会因为孩子的进步和懂事而高兴，也会因孩子停滞不前和退步难过，这种高兴或难过的情绪会随着情境改变（即孩子的表现）而发生变化，但母亲对孩子的关爱和依恋情感则不会轻易改变。

4.2 看穿一个人的识人术
——表情与微表情

美剧《别对我说谎》风靡全球，主角卡尔·莱特曼博士是世界顶尖的测谎专家，能从一个人的面部表情、不自觉的肢体语言、说话的声音和言辞中，读出一个人的想法。他不仅知道某人在撒谎，而且知道其为什么撒谎。在此剧播出之后，很多人产生了一个问题：这是真的吗？如何识人辨人，分清谎言和真相呢？在他们心中，心理专家都有一双"鹰"眼，特别擅长洞悉人心，那些看似高明的撒谎、掩饰在被心理专家定格后，瞬间就会土崩瓦解，无路可逃。

其实，心理专家的所谓"识人"大多是通过观察对方的外部行为，如面部表情、动作表情、言语表情间接进行的推测。因为他们掌握的规律比较多，所以在推测时，可能显得更有经验，准确率更高，并非是有什么超凡的"第六感"。不过可能有人要问了，如果一些别有用心的人（如政治家）有意识地利用表情规律进行训练，是否有可能用"假表情"蒙混过关呢？近年来，已经有研究者意识到了这个问题，开始进行"微表情

(Micro-expressions)"的研究。所谓微表情,就是人们在受到有效刺激的一刹那,不由自主地表现出的不受意识控制的瞬间反应。这种表情瞬间即逝,不易捕捉,但是却能表现出最真实的感情。

是不是已经急不可耐要了解"表情"和"微表情"的奇妙世界了呢?

表情是情绪的外部表现形式,即情绪性的身体外部变化。比如人在高兴时开怀大笑,悲伤时泪流满面,愤怒时紧握拳头,害羞时面色通红等。表情是表达情绪状态时身体各部分的变化模式。表情动作是一种具有自身特点的情绪语言,它通过有形的方式表达内部的情绪体验,成为人与人之间相互沟通、相互理解的工具之一,也是了解个体主观情绪的客观指标之一。表情通常可以分为面部表情、动作表情和言语表情三大类。

心理学家的研究显示,人的面部表情基本反映在嘴唇、眉毛、眼睛光泽的变化上。例如,人在愉悦、欢喜时嘴角后伸,上唇略提,双目闪光,眉毛舒展,即我们常说的"眉开眼笑""喜上眉梢";感到惊奇时则会瞪眼、张口、两眉竖起,即所谓的"目瞪口呆""瞠目结舌"。而情绪心理学研究发现,最容易辨认的表情是愤怒、欢乐和痛苦,较难辨认的是恐惧和悲伤,最难辨认的是怀疑和怜悯。艾克曼的实验证明,人们面部的不同部位具有不同的表情作用,如眼睛主要表达忧伤,口部主要表达快乐和厌恶,前额主要负责惊奇情绪的表现,眼睛、前额和嘴对表达愤怒情绪十分重要。此外,口部肌肉的变化也是表现情绪的重要线索，如憎恨时咬牙切齿、嘴角抽搐。

动作表情是借助全身姿态和四肢活动表达情绪，如欢乐时手舞足蹈、捧腹大笑，悲恸时捶胸顿足、呼天抢地等（见图4.2）。其中手势是一种重要的体态表情，手势是手臂姿势的通称，指的是人在运用手臂时，所出现的具体动作与体位。因此手势不止局

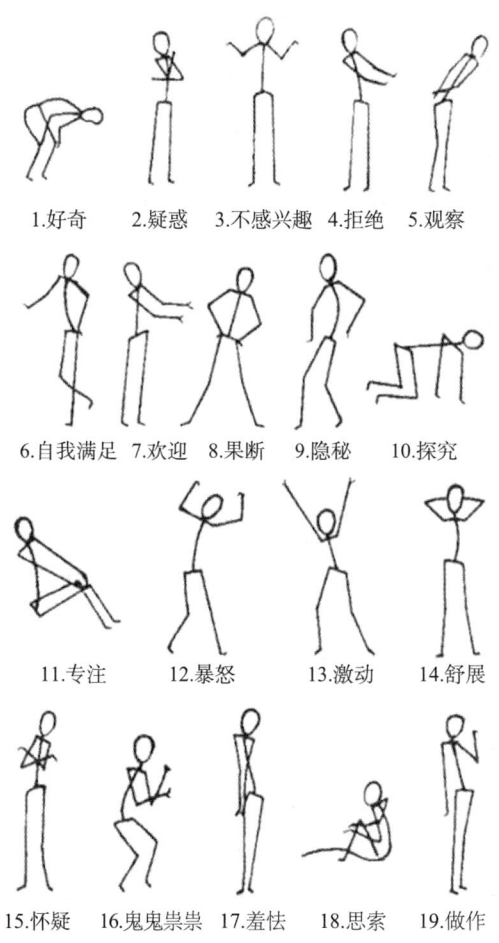

1.好奇　2.疑惑　3.不感兴趣　4.拒绝　5.观察

6.自我满足　7.欢迎　8.果断　9.隐秘　10.探究

11.专注　12.暴怒　13.激动　14.舒展

15.怀疑　16.鬼鬼祟祟　17.羞怯　18.思索　19.做作

图4.2　常见的动作表情和意义

限于手部动作，还包括手臂的配合。"振臂高呼""双手一摊""手舞足蹈"几种手势分别表达了个体激愤、无奈和高兴的情绪。手势表情是后天习得的，由于社会文化和传统习俗的不同而往往具有民族或团体的差异，就比如我们常常伸出食指和中指，其他手指收拢做"V"字表达胜利和喜悦之情，此时通常手背是朝向自己，但在希腊用此手势则必须把手指背向对方，否则就表示侮辱、轻视对方之意。

言语表情主要通过一个人说话时的声调、节奏和速度等变化来反映不同的情绪。如在喜悦时音调稍高，言语速度快，语音高低差别大，而愤怒时声音高而尖且颤抖。根据播报内容的不同，播音员的言语表情变化最为明显，当播音员转播体育比赛实况时，他的声音尖锐、急促、声嘶力竭，表达出因赛场情况的紧张而兴奋的情绪；而当播报某位领导人逝世的公告时则语调低沉，语速放缓，表达对逝者的悲痛与惋惜。

任何一个情绪的表达都需要面部表情、动作表情和言语表情的通力配合。当三者出现不一致情况时，可能预示着主体内心出现矛盾或者有作假的嫌疑。

当然，如果一个人熟知表情原理与规律，并接受专业的训练，例如政治家和演员，那么他们有可能做到"言不由衷""表里不一"。那么，有没有可以窥探真实内心世界的技术呢？近年来有研究者提出，微表情是一种不能作假的、最真实的反应。微表情是指人在受到外界刺激后所产生的一种应激反应，这种反应最短只有1/25秒，最长也就只有1/5秒，往往转瞬即逝。未受过训练的人中，只有10%的被试才能察觉到微表情。但相比人们有意识做出的表情，"微表情"更能体现人们的真实感受和动机。这种表情不经过大脑，没有任何修饰，是人在遇到应急刺激时做出的"第一表情"。还有学者将微表情（面部表情）与微动作（动作表情）统称微反应。微反应是人类内心活动的"放大器"，一个人内心有怎样的心理活动，都会通过微反应毫无隐藏地展露出来。常见的微反应有：单肩抖动——不自信时更容易单肩抖动（但并不是所有的单肩抖动都是不自信），揉鼻子——掩饰真相（男人的鼻子里的海绵体在撒谎时容易痒），抿嘴——经典的模棱两可的动作，摸脖子——人撒谎的时候会摸脖子，典型的强迫行为，属于机械反应。美剧《别对我说谎》中的剧情有科学的成分，但也有一定程度的夸张，相信未来的微反应研究可以更好地揭示人类的心灵奥秘。

4.3 莫让情绪伤害你

——情绪的调整与控制

2015年3月31日中午，江苏省无锡市委副书记蒋某从宜兴市龙背山森林公园108米高的文峰塔跳下，结束了他56岁的生命。当天晚上，宜兴官方微博证实，蒋某身患抑郁症多年。2015年5月2日凌晨，青海省海西蒙古族藏族自治州州委常委、政法委书记金某在西宁家中坠楼身亡，他也是长期抑郁症患者。是因为抑郁症而自杀身亡，还是另有隐情？从民间大众的视角，在当前大力反腐的语境下，一个官员的自杀常常被老百姓添油加醋地想象成被灭口或遭遇腐败同党的逼迫而死。这一方面反映了人们对官方结论的不信任，另一方面也源于人们对精神疾病的不了解。

蒋某是否真的患有抑郁症我们无从考证，但可以肯定的是，抑郁症已经成为现代人自杀最重要的罪魁之一。抑郁症最典型的症状就是持久的心境低落，轻者闷闷不乐、无愉快感、兴趣减退；重者痛不欲生、悲观绝望、度日如年、生不如死。同时患者还会出现自我评价降低，产生无用感、无望感、无助感和无价值感，认为

"自己活在世上是多余的人""结束生命是一种解脱"。由此来看,如果蒋某真的身患抑郁症多年,那他一定饱受痛苦的折磨,选择自杀对他来说可能是没办法的办法。

世界卫生组织数据显示,全球每年因抑郁症而自杀死亡人数高达100万人,预计到2020年,抑郁症可能成为仅次于心脑血管病的人类第二大疾病。中国的抑郁症患者也呈上升趋势。有记者采访了南京脑科医院抑郁症专科主任姚志剑,姚医生介绍,1982年全国调查显示,抑郁症发病率仅0.83‰,2006年时已增加到4%~8%,不到30年时间增加了近100倍。至于南京的情况,姚志剑提供了一组数据,2012年全年抑郁症专科门诊量是8902人次,2013年1~11月就达到13856人次,1年时间就增长了1.56倍。

抑郁症值得人们关注,但是除此之外,其他的消极情绪也不能小觑。《黄帝内经》有云:"怒伤肝、喜伤心、忧伤肺、思伤脾、恐伤肾",情绪的变化会直接影响到身体的健康。保持良好的情绪状态对于身心健康具有重要意义。那么,具体应该怎么做呢?

乐观积极的情绪对人的学习、工作以及人际交往都是有益的,有利于人的身心健康。消极情绪不可避免,但只要是适度反应,也是十分必要的。而不良情绪则严重影响人的身心健康,既会使身体难以达到精力充沛的状态,也不利于心理健康的发展。

调节情绪的方法多种多样,每个人可以根据自己的实际情况和个人偏好选择适合自己的方法,常见的情绪调节的方法包括合理宣泄、音乐疗法、静观和内省、暗示调节法等，下面一一进行介绍。

合理宣泄

情绪上的矛盾和不满如果长期郁结在心中，就会影响脑的功能或引起身心疾病，致使人不能正常有序地生活。情绪上出了问题，如果将它说出来，心情就会有所缓解，因此表达能起到一定的情绪安定的作用。我国古代文人骚客在感时伤怀、怀才不遇、思念故人或内心愤懑时常常会通过写诗来抒发内心的情感，这实际上也是一种情绪调节的方法，如苏轼在思念亡妻时写下了"十年生死两茫茫，不思量，自难忘"的词句，表达了对已故妻子的思念和伤痛之情。有研究显示，人在生气愤怒时会伴有血压升高的现象，如果愤怒的情绪得到适当的缓解，血压就会降下来，但如果找不到情绪的宣泄口，愤怒一直郁积在心中，血压难以下降，久而久之，可能导致高血压，影响身体健康。

除了倾诉，哭泣、流汗、大喊都是宣泄的途径。世界卫生组织和联合国人口组织多年的调查统计表明，男性平均寿命要比女性短5~10年，而且在一些国家，这种差别还在逐年上升。这除了一些生理上的原因外，也与男性不善于利用哭泣的方式缓解情绪压力有一定关系。通过跑步等运动流汗也是一种宣泄的方式，但在使用时一定注意及时，在感受到情绪压力的当天运动流汗效果最佳。

情绪需要宣泄，但宣泄的方式一定要合理。无论采取何种方式，都不能伤害自己和他人。心中的不良情绪不要积压在心里，但也不能迁怒身边无关的人，有些极端的人会通过自残甚至自杀的方式宣泄自己，这些都是万万不可的。

音乐疗法

音乐疗法就是指用情绪色彩鲜明的音乐控制和调节情绪状态的方法。音乐作为一种艺术，是人的情绪情感表达的一种方式，音乐的曲调和节奏不同，会使人产生不同的情绪体验。当人情绪烦躁压抑时，柔和舒缓的音乐可以令人放松。像《春江花月夜》《空山鸟语》《雨打芭蕉》《渔舟唱晚》《卡门序曲》《莫扎特小夜曲》《舒伯特小夜曲》《柴可夫斯基小夜曲》《舒曼梦幻曲》等都是不错的选择。尤其要注意音乐的节奏应该保持在一定范围内，节奏过慢的音乐容易令人昏昏欲睡，节奏过快、过强的音乐，如摇滚容易引起人的疲劳和紧张。

现代医学表明音乐能调整神经系统的机能，陶冶情操，消除抑郁、焦虑、紧张等不良情绪。在国外，音乐调节已经被应用到了外科手术和精神病、抑郁症和焦虑症等病症的治疗上。

静观和内省

孔子曰："见贤思齐焉，见不贤而内自省也。"曾子也倡导"吾日三省吾身"。实际上，内省并不仅仅是反省自身的不足，也可以用于不良情绪的调节。

采用静观内省的方式调节不良情绪时，要选择一个自己认为安静舒适的环境，或坐或卧，慢慢地调节呼吸，放松身体使内心平静下来，让自己的思绪自由流动。这时如果可以配合使用一些薰衣草精油，效果会更好。进入这种状态后，回顾一下自己为何会产生焦虑、紧张、愤怒等不良情绪，不要急于找出原因，慢慢地回想和分析是什么原因和事件导致了自己的不良情绪。一旦找到不良情绪的导火索，再通过自己的思维和行为方式进行调整，逐渐克服自己的不良情绪。

当然，生活中人在内省时常常被他人看做"发呆"，甚至受到讥笑。实际上生活中偶尔发一发呆十分必要，现在的生活节奏非常快，我们更应当找一个时间让自己的内心平静下来，叩问自己的内心，使身心更加积极健康地发展。

暗示调节法

暗示调节法是通过内心的主观想象，相信想象能引起相应的生理、心理变化来进行自我刺激的自我心理疗法。暗示调节法的实质是自觉地诱发积极良好的心理状态，并使其保持稳定，从而改变消极、不良的心理状态，产生良好的心理激励与平衡作用。采用暗示调节法时，可用语言、情境、睡眠等方式对自己进行暗示。例如发怒时在心中告诫自己："生气也没有用，冷静下来，找出原因才是正途！"消极倦怠时暗示自己："我很优秀！我是最棒的！"

　　暗示的过程中最好运用想象，这通常比运用自我意志调节的效果要好。比如晚上失眠难以入睡时，通常越敦促自己赶快睡觉越难以进入睡眠状态，这时如果想象自己处在一个十分安静而舒适的环境中，可能入睡的效果更好。

　　除了上述情绪调节的方法外，还有许多有效的方法，如呼吸调节法、表情调节法、认知训练法等。每个人由于个性、生活习惯等不同，适合自己的方法也有差异，所以要不断尝试，找到适合排解心中不良情绪的最佳方法，用积极乐观的情绪和精神状态拥抱生活。

4.4 什么才是完美的爱情

——爱情三角论

"初雪天,怎能没有炸鸡和啤酒?"《来自星星的你》中全智贤的一句话,引发了全国的炸鸡与啤酒热,"啤酒与炸鸡"迅速登上了微博话题榜,韩国饮食店的啤酒与炸鸡卖到脱销。《来自星星的你》也因其巨大的话题性,超高的收视率迅速成为国民神剧。其实细数近十年来,几乎每年都有一两部韩剧称霸中国荧屏。到底韩剧有哪些制胜法宝呢?

仔细分析不难发现,韩剧向来把女性作为第一消费者。爱情这个亘古不变的话题最为女性所喜闻乐见,那么,要取悦女性,爱情自然也就成为韩剧的重要主题。韩剧中的爱情可以说满足了女生对爱情的一切想象:英俊帅气的男主角,多金且多情,隐忍且专一,博学且浪漫。而女主角则大不相同,不仅平凡无它,甚至可以用"穷疯丑"来形容。故事的情节也不外乎从开始男女主角的相互讨厌逐渐发展到心生爱慕,这其间还掺杂了男二号和女二号的打击破坏,直到后来两人突破重重阻挠热烈相爱,最后遗恨天涯。为什么要这样设计呢?因为

第四章 爱上心世界

这样的人物背景极具代入感，可以让电视机前的女孩子们产生"平凡如我，也可以遇到这样的白马王子"的错觉。同时，这样的剧情设计符合了人们看到"屌丝逆袭"的心理预期，满足了人们看到社会阶层突破边界流动的愿望。

这样的分析一定让很多韩迷们颇感失望吧，浪漫的爱情真的不可能发生在现实生活中吗？一个完美的爱情到底要具备哪些因素？

美国心理学家罗伯特·J. 斯滕伯格提出了"爱情三角形理论"，认为完美的爱情包括三个因素，它们分别是亲密、激情和承诺。三个成分构成了一个三角形，当然，"三角形"只是一个比喻，而不是绝对意义上的几何图形，三个因素在顶点上的位置是任意的。见图4.3。

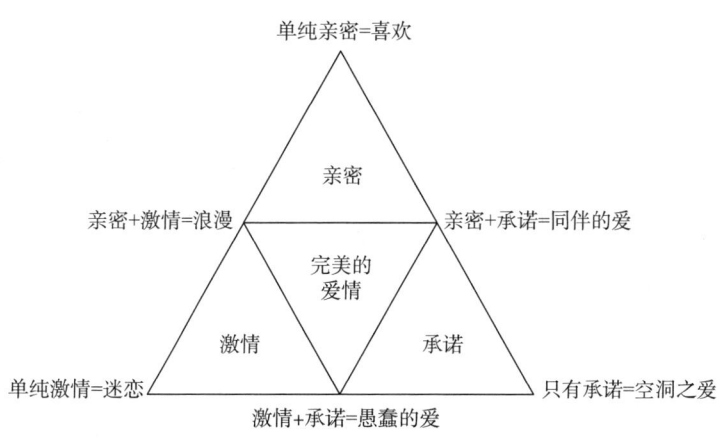

图4.3 斯滕伯格"爱情三角形理论"

爱情三角形理论中的亲密、激情和承诺三个因素分别描述了爱情的一个方面。亲密是指爱情关系中亲近、连属、结合等体验的感觉，因此亲密这一因素主要包括爱情关系中能够促进温暖关系的感觉。亲密主要包含10个要素，分别是：渴望促进被爱者的幸福；跟被爱者在一起时感到幸福；对爱人高度关注；在需要帮助时能指望爱人；与爱人互相理解；与爱人分享自我与所有；从爱人那里得到情感上的支持；为爱人提供情感支持；与爱人亲密交流；肯定爱人的价值。

激情是指引发浪漫之爱、身体吸引、性完美以及爱情关系中相关现象的驱动力。激情是一种"强烈地渴望跟对方结合的状态"。通俗地说，就是见了对方，会有一种怦然心动的感觉，和对方相处，有一种兴奋的体验。性的需要，是引起激情的主导形式，其他因素，包括自尊、照顾、归属、支配、服从也是唤醒激情体验的源泉。

激情可以是积极的，也可以是消极的。积极的激情能激励人们克服艰难险阻，攻克难关；消极的激情则会对正常活动具有抑制作用或引起冲动行为。具有正确的思想认识、高尚的道德品质和坚强意志的人能控制自己消极的激情。

承诺从短期上讲是指一个人决定爱另一个人；从长期上讲，是指一个人维持爱情的承诺。我们常说的"执子之手，与子偕老"就是一种长期的承诺。长期和短期的承诺不一定同时存在，一个人可以在不承诺长久之爱的前提下决定爱一个人，也可以处于一段关系,却不承认爱着另一个人。

爱情三角形中的这三个因素互相影响,如更高程度的亲密会导致更高程度的激情或承诺。总之,三个因素既相互独立,又相互影响。这三个因素都是爱情的重要组成部分,但对于不同的爱情关系或是一段关系的不同时间阶段,每一个因素的重要程度是不同的。

爱情的三个因素通过组合可以构成八种不同类型的亲密关系,但是,只有在三种因素全部齐备时,才是完整的爱情,缺少其中任何一个都不能称之为完整的爱情。"无爱"是指爱情的三个因素都缺失。某单一因素形成的爱情类型中,"喜欢"是指单纯感受到亲密,如同性友人之间形成的关系;"迷恋"是指单纯的激情,如一些追星族对明星的感情;只有承诺的爱情是"空洞之爱",封建社会青年男女听从"父母之命媒妁之言",与一个没有感情基础的人走入婚姻,有承诺,但缺乏亲密和激情因素的支撑。

此外,三种因素两两组合,还会形成另外三种亲密关系:亲密和激情的组合形成的是"浪漫之爱",但这种爱情缺少承诺,很难持久;亲密和承诺的组合形成的是同伴的爱,当爱情发展为亲情时,虽然没有激情四射,但朝夕相守,稳定平和就是"同伴的爱"的体现;而除去亲密,激情与承诺组合而成的是"愚蠢的爱",很多由于地理位置阻隔而出现的"异地恋""异国恋",常常不能修成正果也是这方面的原因。

三角形是最稳固的图形，缺少了任何一个顶点，都会变成度数任意的夹角，且极不稳定。斯滕伯格之所以把具备三个基本要素的爱情称为完美式爱情，是因为建立一段稳定、持续的爱情需要恋爱双方用毕生的精力去培育和呵护，那将是一项贯穿人生的浩大工程。然而，单纯具备这三个要素并不意味着爱情就会成为现实，现实中的爱情需要更多的努力来调节这三者的关系。爱情不是一件容易的事情，有人认为爱是一种能力，并非天生就有，并且需要不断的锻炼和实践才能培养出来。

4.5 如何才能让爱情地久天长

——爱情经济论

一个年轻漂亮的美国女孩在美国一家大型网上论坛的金融版上发表了这样一个问题帖：我怎样才能嫁给有钱人？女孩的帖子如下：

"我下面要说的都是心里话。本人25岁，非常漂亮，是那种让人惊艳的漂亮，谈吐文雅，有品位，想嫁给年薪50万美元的人。你也许会说我贪心，但在纽约年薪100万才算是中产，本人的要求其实不高。

这个版上有没有年薪超过50万的人？你们都结婚了吗？我想请教各位一个问题——怎样才能嫁给你们这样的有钱人？我约会过的人中，最有钱的年薪25万，这似乎是我的上限。要住进纽约中心公园以西的高尚住宅区，年薪25万远远不够。我是来诚心诚意请教的。有几个具体的问题：（1）有钱的单身汉一般都在哪里消磨时光？（请列出酒吧、饭店、健身房的名字和详细地址）（2）我应该把目标定在哪个年龄段？（3）为什么有些富豪的妻子看起来相貌平平？我见过有些女孩，长相如同白开水，毫无吸引人的地方，但她们却能嫁

入豪门。而单身酒吧里那些迷死人的美女却运气不佳。(4) 你们怎么决定谁能做妻子，谁只能做女朋友？（我现在的目标是结婚）

——波尔斯女士"

一位华尔街的金融家看完此帖后，从经济学的角度给予回帖：

"亲爱的波尔斯：我怀着极大的兴趣看完了贵帖，相信不少女士也有跟你类似的疑问。让我以一个投资专家的身份，对你的处境做一分析。我年薪超过50万，符合你的择偶标准，所以请相信我并不是在浪费大家的时间。

从生意人的角度来看，跟你结婚是个糟糕的经营决策，道理再明白不过，请听我解释。抛开细枝末节，你所说的其实是一笔简单的'财''貌'交易：甲方提供迷人的外表，乙方出钱，公平交易，童叟无欺。但是，这里有个致命的问题，你的美貌会消逝，但我的钱却不会无缘无故减少。事实上，我的收入很可能会逐年递增，而你不可能一年比一年漂亮。因此，从经济学的角度讲，我是增值资产，你是贬值资产，不但贬值，而且是加速贬值！

你现在25，在未来的5年里，你仍可以保持窈窕的身段，俏丽的容貌，虽然每年略有退步。但美貌消逝的速度会越来越快，如果它是你仅有的资产，10年以后你的价值堪忧。用华尔街术语说，每笔交易都有一个仓位，跟你交往属于'交易仓位'，一旦价值下跌就要立即抛售，而不宜长期持有——也就是你想要的婚姻。听起来很残忍，但对一件会加速贬值的物资，明智的选择是租赁，而不是购入。年薪能超过50万的人，当然都不是傻瓜，因此我们只会跟你交往，但不会跟你结婚。所以我劝你不要苦苦寻找嫁给有钱人的秘方。顺便说一句，你倒可以想办法把自己变成年薪50万的人，这比碰到一个有钱的傻瓜的胜算要大。

希望我的回帖能对你有帮助。如果你对'租赁'感兴趣，请跟我联系。

——罗波·坎贝尔（J. P. 摩根银行多种产业投资顾问）"

相信金融专家的回复一定让年轻貌美的波尔斯女士备感沮丧。从经济学的角度上讲，爱情实际上就是一场交易。

对于这样的说法，可能很多人首先想到的就是钱色交易、权色交易。比如女明星嫁入豪门、官员利用职权包养诸多情妇等。似乎爱情一旦与"交易"扯上关系，都蒙上了些许不光彩的面纱。这纯粹是对"交易"一词内涵的窄化，是对"爱情交易"观点的误读。

从经济学角度来看，两性从认识到共结连理，基本上属于一种经济交换过程。恋人根据自己的条件或社会资源，来选择可供交换的对象，务求在交易中获取最大的利益和满足感。这里的条件和社会资源包括了大多数人理解的相貌、经济条件、社会背景等，更包括了恋爱双方本身所具有的个人资源，如学识、个性、责任心、发展潜力等。在恋爱的初期，男女双方可能会被一些外在因素所吸引而走到一起，而一旦浪漫期一过，能将爱情维持长久的则是双方手中各自的"资源"。

在资源力量对比过程中，交换双方渴求"公平"。如果对方手中的资源量与自己相当，天平保持平衡，爱情关系得以维系。如果双方资源量相当，且内容互补，则更加有利于爱情关系的维持。而一旦天平失重，要么压断爱情杠杆，要么一方需付出更多的代价来弥补重差。有两位明星的"豪门"之路恰好可以说明这个过程。

郭晶晶，前跳水运动员，奥运会冠军，2012年嫁入豪门，使历时八年的"晶刚之恋"修成正果。细数郭晶晶手中的"资源"："奥运明星"——4枚奥运金牌和31个世界冠军，战绩赫赫；"相貌出众"——虽算不上十足的美女，但是身段好，皮肤白皙，在体坛也艳压一方；"品性端庄"——常年的体育队生活使得她刻苦、踏实、务实、简单、忍辱负重；"身体素质优良"——从婚后连续为霍家添丁可见一斑；"内涵渐增"——郭晶晶退役之后努力完成学业，以弥补自己在知识上的欠缺，更到英国及美国读英文课程增值自己。此外，霍家与体育有着不解之缘，霍震霆是现中国香港特别行政区奥委会主席，在体育产业涉足颇深，有一名体育明星儿媳的助力，想必会再登高峰。这些都为她与豪门公子的爱情天平上增加筹码，她最终顺利嫁入豪门也不足为奇。

相比之下，香港女演员梁洛施就没有那么幸运了。梁洛施年轻貌美，更接二连三为李嘉诚次子李泽楷生了三个儿子。但是细数梁洛施手中的资源，似乎除了美貌和儿子再无其他。加之梁洛施出身卑微，未成年就混迹娱乐圈，因此，与李泽楷相恋多年最终也只能以分手告终。由此看来，爱情能否长久在于"资源"的综合考量，相貌、经济条件仅仅是其中的一部分。

美国心理学家拉斯伯特为增加男女亲密关系中的"承诺度"开出了处方。他认为，爱情能否长久取决于双方对这段关系的承诺度，而承诺度则是由满意度、替代性及投资量三因素所共同决定。根据投资模式的预测，当亲密关系中的个体对关系有较高的满意度、知觉到较低的替代性以及投资了较多或较重要的资源时，便会对此亲密关系做出较强的承诺，也就不易离开此关系。也就是说，男女之间对双方现有关系表示满意，并觉得对方无可替代，以及为这段关系投入了许多感情和精力的情况下，爱情比较稳固。简单来看，可用一个公式加以说明：

满意度 − 替代性 + 投资量 = 承诺度。

承诺度是指使个体去设法维持这份关系以及感觉依附在此关系中的程度。当个体对一段关系进行承诺后，不仅代表双方想要维持这种关系，也会促进个体做出种种有利于维持这种关系的行为。例如此关系中的个体会尽量避免和抵制与具有吸引力且容易破坏现有关系的异性见面接触的机会；自愿为维持此关系做出一定的付出和牺牲；妥善解决关于嫉妒及恋爱中第三者的问题等。

满意度是指亲密关系中的个体会不断评估自己在此关系中所获得的报酬及付出的成本。随着关系的深入，将伴侣的付出与回报也纳入计算，根据以往自身和亲友的经验对关系中的结果有一个预期的设想，将实际结果与预期对比，实际结果越好，预期水准越低，则满意度越高。例如某男子与一位相貌平淡无奇的女子约会，在一开始并没有对其抱有太高的期望，但随着接触的深入，男子发现女孩子身上有很多自己看重的优异品质，这大大超过了他的心理预期，这种情况下爱情满意度较高。

替代性是指对放弃这段关系的可能结果判断好坏。这种可能结果包括结束这段关系开启另一段新的关系，或是选择没有任何亲密关系的单身状态。恋爱中的一方如果发现自己一旦与当前恋爱对象分手，找到一个同样好的人比较困难，或者保持单身状态并不比当下更幸福，那么，就意味着恋爱对象的替代性是低的，这有助于承诺度的提高。

投资量是指个体在亲密关系中，所投入或形成的资源。"投资"与报酬或成本有两处最大的不同：一是"投资"通常不能独立地从关系中抽取出来，而报酬与成本可以；二是当关系结束时，"投资"无法回收，而会随着关系的结束一并消失。因此投资会增加结束关系的成本，使个体较不愿也不易放弃此关系。如双方共度的时光、共同的朋友、一起经营的生意，甚至共同的孩子都可能成为爱情关系中的"投资"。

总之，要想使一段感情维持长久，要做的就是全方位打造和提升自己，从而增加自己手中的"资源"量，不使重差失衡。同时增强爱情的满意度，降低自己的替代性，增加共同的投资量，最终获得"白头到老"的幸福。

4.6 爱她,就带她去走吊桥吧
——爱情的生理反应

1974年,著名情绪心理学家阿瑟·阿伦在温哥华的卡坡拉诺吊桥上做了一个实验。阿伦请到一位漂亮的女性作为研究助手。女助手按照阿伦的要求首先来到了这座全长450英尺,宽5英尺,仅靠2条粗麻绳悬挂于卡坡拉诺河河谷上空的吊桥上。她要站在这座与地面相距230英尺的悬吊桥中央,在动人心魄的摇摆中,对那些参加实验的男青年在吊桥上进行问卷调查。但实际上,这个问卷调查是为了避免有人猜到这个实验的目的所设的烟雾弹。接着,女助手通过与这些男性聊天的方式,让他们为一张照片编个故事。最后,每个参加实验的男性都得到了这位女助手的电话,并被告知可以通过打电话得到问卷的结果。同样的实验在另一座横跨小溪的坚固而低矮的石桥上再次进行。心理学家想知道的是:两种情境下,这些男性会编出什么样的故事,谁会在实验后给漂亮的女助手打电话?

实验结果显示,走过卡坡拉诺吊桥的男性中,大概有一半的人后来给实验的女助手打过电话,而走过那个坚固低矮小桥的16位男性中，只有两位给她打过电话。与后面这组相比，吊桥上的男性所编的故事中，也含有更多情爱的色彩。

两组实验为什么会有这样悬殊的结果，难道爱情的产生与地点有关系吗？原来当人们产生某种情绪时，都会发生生理的变化。站在高空吊桥上的男性普遍会出现体温升高、心跳加速的生理反应，这种生理反应的出现到底是由于对吊桥的恐惧还是对漂亮女助手的意乱情迷，估计他们自己也很难分清。对于吊桥上那些回电话的男性中的一部分人来说，是摇摆的吊桥致使他们心跳过速，而他们却有意无意地误认为这是擦燃了爱情的火花，自己的心开始为一个女人狂跳。

从这个角度考虑，如果要获得异性的芳心，不妨带你喜欢的人一起去过吊桥或者其他较高的地方，共同感受那种心跳加快的感觉。如果实在找不到合适的地方，去游乐园一同乘坐过山车也是不错的选择。更简单的方法就是一起看恐怖电影，说不定从影院出来，两个心有余悸的人，已经将手紧紧扣在一起了。

前段时间网络上流行这样一段话："荷尔蒙决定一见钟情，多巴胺决定天长地久，肾上腺素决定出不出手，自尊心决定谁先开口。最后，寿命和现实决定谁先离开谁先走。"这段话幽默地揭示出了各种激素在爱情中的作用。

美国著名的科普杂志《发现》月刊发表了一篇关于破解爱情秘密的文章。文章中提到，像所有的情感一样，爱情源于大脑。我们感受到爱的激情来源于大脑中特定的神经化学体系。

早在20世纪80年代，神经内分泌学家休·卡特就在研究中发现，大草原田鼠是一种"忠贞"的动物，雄鼠与雌鼠交配之后，一般不再与"第三者"发生性关系。要知道，在动物界只有5%的动物遵循"一夫一妻"制，这引起了科学家的极大兴趣。经进一步研究发现，田鼠的爱情来自大脑中脑下垂体分泌的一种激素——后叶催产素。卡特给田鼠的大脑注入一种抑制后叶催产素产生的化学物质，阻断后叶催产素的分泌，结果田鼠的生活方式发生了变化：它们立即抛弃了曾经深爱过的伴侣，胡乱交配。

与此相反，那些大脑中注入后叶催产素的雌田鼠，在择偶时不再像以前那么挑剔，一旦确定关系，就对"丈夫"忠心耿耿，对其他田鼠视而不见，颇有点"我的眼里只有你"的味道。人类的爱情是否也和后叶催产素有关呢？科学家通过对人体的研究发现，人类的情爱活动与3种基因有关，这3种基因分别促使身体分泌多巴胺、苯乙胺和后叶催产素。后叶催产素与内啡肽有协同作用，前者启动依恋他人的愿望，后者则提供与爱人在一起时那种温暖陶醉的感觉。因而，也有人把后叶催产素称为"爱情激素""恋爱兴奋剂"。

关于爱情的生理反应，另一种说法强调苯异丙胺的作用。苯异丙胺是一种神经兴奋剂，它将爱情分成了两个阶段。

第一阶段是亢奋阶段。茫茫人海中两人相遇，或一见钟情一眼万年，或细水长流慢慢培养，脑干里终于分泌出苯异丙胺，于是情人就产生了。苯异丙胺使人精力充沛，注意力集中，热情似火。它还会使人产生偏见，也就是所谓的"情人眼里出西施"，只要自己内心觉得对方好，其他人怎么客观地分析对方的不是也会充耳不闻。如果只有一个人产生了苯异丙胺，那就只能是单相思。但苯异丙胺的分泌不是永久的，一般为5到7年，故而有了"七年之痒"的说法。随后，爱情的危机就到来了。要度过这一危机，就有赖于另一种叫做吗啡的物质的产生。简单地说，吗啡是一种神经麻醉剂，它会使人产生一种厮守终身、白头到老的安全感，也就进入了爱情的第二阶段——安定阶段。

爱情引起的生理反应不止这些。我们常说相爱的人会越来越像，当一对恋人互相凝视时，他们的心率会同步。美国哈佛大学一项研究发现，正处于热恋中的情侣，在彼此凝视3分钟后，他们的心率将同步，这就是我们常说的"心跳的感觉"。很早以前我们就知道，在人生病或者痛苦时，重要的人在场对患者的康复有很大帮助。新的研究发现，爱人的照片也能起到相同的效果。

不同的人对爱情有着不同的理解和诠释，爱情没有所谓的好与坏，自己与伴侣所感受到的幸福是爱情最好的衡量标准。也希望大家都能找到属于自己的爱情，用心经营和守护，相伴终身，白头到老。

4.7 一见钟情靠谱吗

——爱情中的心理效应

不知从何时起,"日久生情"这个词已沦为陈词滥调,有一群人可以三分钟一见钟情,五分钟谈情说爱,七分钟私定终身,他们被称为"闪婚族"。"闪婚"靠谱吗?有人说靠谱!"闪婚"既节省了金钱又节约了时间,同时感情上还得到慰藉,是两全其美的事情。而且两人刚见面就爱上对方,那种电光火石飞溅的感觉,实在太刺激了。像演艺界明星大S与"俏江南"公子汪小菲,演员陈建斌和蒋勤勤都是闪婚,事实证明他们生活得很幸福;也有人说"闪婚"不靠谱,初见面时的怦然心动很大程度上是外表的吸引,至于个性、价值观是否合适都是未知,一旦激情过去,就只剩下后悔与遗憾了。"闪婚"的结果就是"闪离",一拍即合的结果就是一拍两散。演艺圈明星孙楠和买红妹,主持人李湘和钻石大亨李厚霖都是闪婚,但结果却是劳燕分飞。

那么,闪婚到底靠不靠谱,一见钟情是否是真感情呢?要回答这个问题,还要首先看看人在闪婚时,他们的内心到底发生了什么。

自愿闪婚的男女大多受到了首因效应和晕轮效应的影响。首因效应又称为第一印象效应，是指个体在社会认知过程中，通过第一印象最先输入的信息对客体以后的认知产生的影响。第一印象的作用最强，持续的时间也长，且不易改变。这就是为什么我们在重要的约会、面试前会刻意装扮自己，希望给对方留下一个好印象。

晕轮效应又称为光环效应，就像光环笼罩下难以全面看清对方，当认知者对一个人的某种特征形成好或坏的印象后，他还倾向于据此推论该人其他方面的特征。晕轮效应实际上是一种以偏概全的认知偏差。男女双方初次见面，由于首因效应双方都互相留下了很好的印象，并且这种好感持续不断，挥之不散。又由于晕轮效应将对方的优点不断放大，以至于看见对方的所有表现都觉得好，认为对方就是自己苦苦寻找及命中注定的伴侣，从而闪婚，迅速决定步入婚姻的殿堂。一些人在闪婚后又发生闪离，迅速解除婚姻关系，就是因为婚后不久，首因效应和晕轮效应的效果退却，客观地看待对方后颇感失望，发现两人并不合适，从而最终分开。

闪婚代表着一见钟情，与之相对的就是日久生情，现在六七十岁的老人通常并没有过多的恋爱经历，许多人都是见一面就结婚，但数十年来也能一直相濡以沫、相互扶持。心理学上将之称为"多看效应"。20世纪60年代，心理学家查荣茨做过这样一个实验：他向参加实验的人出示一些人的照片，有些照片出现了二十几次，有的出现十几次，而有的则只出现了一两次。之后，请看照片的人评价他们对照片的喜爱程度。结果发现，参加实验的人看到某张照片的次数越多，就越喜欢这张照片。也就是说，看的次数增加了喜欢的程度。恋爱和婚姻中长期的相处，朝夕相对，喜欢的程度也自然增加，感情也会越来越深厚。

当然，这里并不是说恋爱时间越长两个人的感情就一定越深厚。心理学家已经发现，恋爱时间保持在两年左右比较合适，不应该超过三年。时间太短不容易全面认识对方的个性、品德与价值观等，时间太长则过于熟悉，磨灭了激情，没有了新鲜感。

除此之外，在恋爱过程中，还有其他一些心理效应。"罗密欧与朱丽叶效应"就出自莎士比亚的经典名剧《罗密欧与朱丽叶》。一对男女青年罗密欧与朱丽叶真心相爱，但由于双方家庭的世仇，他们的爱情遭到了极大的阻碍。但压迫并没有使他们分手，反而使他们爱得更深，最终为了捍卫忠贞的爱情，双双自杀殉情。由此，心理学家提出了恋爱中的"罗密欧与朱丽叶效应"，就是当出现干扰的外在力量时，恋爱双方的情感反而会加强，恋爱关系也因此更加牢固。

随着网络上社交软件的发达，"网恋"也逐渐成为一种新的恋爱方式。为什么仅仅在网络上聊一聊天，甚至没见过面就能爱得如火如荼呢？实际上，网恋是心理上的"投射效应"在发挥作用。投射效应是指以己度人，自己具有某种特性，认为他人也一定会有与自己相同的特性，把自己的感情、意志、特性投射到他人身上的一种认知障碍。在人际认知过程中，人们常常假设他人与自己具有相同的属性、爱好或倾向等，常常认为别人理所当然地知道自己心中的想法。网恋中的人很大程度上喜欢上的是自己想象中的对方，对方的个性特点、品性等都是自己依靠网聊过程中的蛛丝马迹"捕捉"来的，实际上怎样就不得而知了。所以很多网友"见光死"也就是这个原因。

俗话说，"衣不如新，人不如旧"，在爱情中，初恋总是最难忘记的。这在心理学上称为"契可尼效应"。西方心理学家契可尼做了许多有趣的试验，发现一般人对已完成了的、已有结果的事情极易忘怀，而对中断了的、未完成的、未达目标的事情却总是记忆犹新。简单来说就是人们通常想要得到自己没有的东西，对于已经得到的东西却不那么看重。初恋总是懵懵懂懂、情窦初开，也正是由于这种不成熟，初恋都很难走到最后，因此会更加让人怀念。而实际上，人们怀念的是初恋的美好感觉和纯真时光，而非初恋的对象。倘若初恋情人真的在日后相见，体会的恐怕只能是失望了。

生活中人们将不能对爱情从一而终、见异思迁的男性称作"陈世美"，并对这种行为十分谴责。"古列治效应"解释了这一现象，这一效应认为，男性在心理上有喜新厌旧的倾向是有着深刻的生理和心理基础的。这一效应在所有的雄性哺乳动物的行为中得到了证实，男性作为高级哺乳动物，自然也逃不开古列治效应的影响。但这并不能为男性的见异思迁开脱，人与一般动物的区别就是具有道德和良知,因此虽然生理上古列治效应不可避免,但从心理上要进行自我约束和控制。

爱情中还有许多其他的心理效应,包括黑暗效应——光线昏暗的地方更容易产生恋情;互补定律——性格互补的人更容易产生恋情;拍球效应——吵架时会越吵越凶等。理解了这些心理效应,才能与恋人、与伴侣、与配偶更好地相处,更好地享受爱情。

4.8 我失恋了，我该怎么办

——失恋的应对

2015年4月24日，《重庆时报》刊登了这样一则新闻。家住渝北西路的刘女士喜欢网购，4月20日一早，她就在网上查到自己的快递正在派送中，可直到下午3点快递都还没有到。刘女士有些奇怪，因为按平常的速度送件员早该到了。随后，按捺不住焦急心情的她根据物流信息上的电话给快递小哥打过去。可是对方给了刘女士一个意想不到的回答："我失恋了，没有心情送快递。"刘女士说，当时她很吃惊，遇到这种奇葩的理由还是头一回。

原来，失恋的快递小哥姓王，今年24岁，在这家公司干了两年。由于快递员的工资都是计件来算，多送一个快递，就多赚一份钱。小王年轻腿快跑得勤，收入也不错。小王去年底跟一个女孩谈起了恋爱，但最近这段时间老跟女友吵嘴，刚好早上女友提出分手，自己心里难受，就索性不想送快递了。

故事的结局，刘女士找到公司拿回了自己的快递，可快递小哥所在公司因为他的不负责任将他开除了，小

第四章 爱上心世界

王为自己的任性付出了代价。

诚然,失恋很痛苦,但究其根本并不是一件要命的大事。因为失恋影响自己的工作,甚至影响了他人的生活,实在不划算。有人说,失恋是心灵成长的必修课。只要这门课修得好,即便失恋了,也可以理性处理,化险为夷。那么,应对失恋,你准备好了吗?

所有人都希望拥有完美的爱情,所有人都希望自己的爱情可以矢志不渝,希望能与相爱的人携手走完一生。但天不遂人愿,总会有一些恋人的爱情难以走到尽头。失恋虽然让人难过,但也是一个不能避免的话题。既然不可避免,就要勇敢地面对。

每个人都需要摆正失恋的心态。其实没有人可以保证自己的爱情可以天长地久,海枯石烂,未来会发生什么不可预知,身边的人会变成什么样也没有人可以保证。两个人因相知相爱走到一起,也会因互相感到不合适而分离。台湾作家吴淡如说过:"不要害怕失败,因为成长本身就是对失败最好的犒赏。"况且失恋都不能算作失败,它作为一种经历,让你成长,让你学会了很多。

头发甩甩,大步地走开。李白曾有诗云:"弃我去者,昨日之日不可留。乱我心者,今日之日多烦忧。"此诗虽然是表达作者怀才不遇之情,但用在失恋的应对上也十分合适。一旦对方提出分手,过多的挽留只会让自己显得更加落魄,此时要做的应该是给对方一个微笑,然后潇洒地跟对方说声再见。

让心里照进阳光。一段投入感情和精力的关系结束,肯定不能像什么也没发生一样，心里也一定会留下阴影。但不要因此而一蹶不振，因为在你消沉的时候，可能就会错过身边其他转瞬即逝的美好。因此，失恋后要注意调整自己的情绪和态度，失恋了更不能把自己一个人关起来，反而要积极地参加各种活动，让自己尽快恢复过来。失恋后短期内为了转移内心伤痛，可以通过做其他的事来转移注意力，比如读一本书，学一支舞，做一做瑜伽，不仅可以帮助你迅速从阴影中走出来，而且有助于你成长为更好的自己。

审视自我，进行反思。爱情从来不是一个人的事，它是两个人之间的相处与付出。因此，面对失恋，不要一味地责备对方，首先要冷静下来审视自己，扪心自问自己在这段感情中付出了多少，自己的行为和处事有没有不妥之处。两人如果因为性格不合、理念不同难以继续走下去，那么不必强留；但如果是因为自己的错误或是不足而导致关系破裂，一定要发自内心地改正，善于不断修正错误的人不失为一个智者。

收拾心情，迎接新的未来。失恋的痛苦经过时间的磨洗会渐渐消散，走出失恋的阴影后更要重振精神，迎接新的生活，新的恋情。不要因为一次的失恋而对爱情失望，说什么"再也不相信爱情了"，因噎废食并不是明智的做法。你要相信，如此优秀的自己值得遇到更好的人。

失恋也会收获其他的东西，首先是关于这段恋情的回忆。感情只是不能再继续，但曾经的感情并不会因此消退，它储存在你的大脑中，你可以在任何时候将它找出来，感受曾经拥有的美好。内心的记忆谁也夺不走。须知你失去的不是这段感情，而只是这段感情尚未发生的将来。其次也需要总结恋爱的经验和教训。选择放弃你的那个人，是他（她）错过了你，但那个人也教会了你其他的东西。因为这段经历，可以让你知道在以后的恋爱中不要犯怎样的错误，不要忽视怎样的细节；今后你也许能够辨别什么样的话动听而不可信，什么样的事情光鲜而不发自内心，什么样的做法俗气却表达的是真爱，因为你比过去更懂得爱情了。最后是自我的成熟。也许在失恋之初你还难以抑制激动的心情，悲伤久久不能自已，但不久的将来你肯定会通过这段感情来反思和检讨自己——哪些话该说和不该说、哪些事情该做和不该做。在下一次丘比特金箭射来时，你会成为一个更好、更有魅力的人。

　　爱情不可能一帆风顺，每个人在迎来自己人生中的美好和喜悦之前，都会经历一些挫折与苦痛。失恋并不可怕，它其实是我们人生中十分宝贵的经历。我们每个人都有自己的小小世界，这个世界有一定的空间。有的人从这个世界进来，就会有人从这个世界里出去。当他们进来，我们十分喜悦，度过了一段美好的时光，而当他们出去，也会留下一些东西，或是回忆，或是道理，或是教训。曾经有人说，如果我们一生中遇到的人换了一种出场顺序，也许我们与这些人的关系、我们的经历和境遇都会大不相同。因此，此时此刻，此情此景下你遇见这个人，便是相遇最好的时机，无论结果，无论来去。

第五章 成为你自己

5.1 个性决定命运

——个性结构

有位美国记者采访晚年的投资银行一代宗师 J. P. 摩根，问："决定你成功的条件是什么？"老摩根毫不掩饰地说："性格。"记者又问："资本和资金，哪个更重要？"老摩根一语中的答道："资本比资金重要，但最重要的还是性格。"1998 年 5 月，华盛顿大学 350 名学生有幸请来世界巨富沃沦·巴菲特和盖茨发表演讲。当学生们问道："你们是怎么变得比上帝还富有呢？"巴菲特说："这个问题非常简单，原因不在智商。为什么聪明人会做一些阻碍自己发挥全部工效的事情呢？原因在于习惯、性格和脾气。"盖茨表示赞同。无论工作还是生活，性格决定命运，性格好比水泥柱中的钢筋铁骨，而知识和学问则是浇筑的混凝土。

从心理学角度看，这些成功者口中所言的"性格"，准确来讲，应该是"个性"。个性比性格包含更宽广的内涵，并且个性中除性格以外的其他特征，如价值观、信念、气质、能力等都对成功有着至关重要的影响。那么，到底什么是个性，个性包含哪些内容，如何培养良好的个性呢？

个性一词来源于拉丁语 Personal，原意指希腊罗马时代戏剧演员在舞台上带的面具，它代表剧中人的身份，后来引申为一个人在行为模式中表现出的内心活动。个性的内涵与外延非常丰富，是一个人身上经常的、稳定表现出来的个性心理特征和品质倾向的总和，是一个人区别于其他人的独特精神面貌和心理特征。在中国古典四大名著中，读者常常被一些各具风采的人物形象所吸引。宝玉的多情与反叛，黛玉的抑郁与聪慧，曹操的雄心与奸诈，关公的勇猛与忠诚……一个个栩栩如生的人物流传数百年。个性对于一个人的活动、生活有直接的影响；对于一个人的命运、前途也有直接的作用。探讨个性的结构，对于培养良好的个性有重要的指导作用。

个性的结构一般包括两个部分，一是个性倾向性，指人对社会环境的态度和行为的积极特征，包括需要、动机、兴趣、理想、信念和世界观等，指引着人生的方向、人生的目标和人生的道路；另一个部分则是个性心理特征，指人的多种心理特点的一种独特结合，包括能力、气质和性格，影响和决定着人生的风貌、人生的事业和人生的命运。

每个人不同的个性结构造就了自己独特的个性特征，个性作为一种复杂的心理现象，有四种不同的基本特征：个性具有整体性，意指个性的每一特征均是相互联系的，只有对个性的倾向性、心理特征有整体的认识，才能从整体上了解一个人；个性具有稳定性，个性从整体上看是稳定的，有些心理特征如气质将会在一生当中都保持稳定不变；个性具有独特性，俗话说，人心不同，各如其面。这是个性独特性的写照。世界上不可能有两片完全相同的树叶，也不可能有完全相同的两个人，即便是有99%的遗传因素相似的双胞胎，其个性也可能不同；个性具有社会性，马克思曾经说过，人的本质并不是单个人固有的抽象物，在其现实性上，它是一切社会关系的总和。个性倾向性中的价值观、信念等，都是在后天的社会因素的影响下形成的，个性心理特征中的性格与能力有遗传因素的作用，但也不能摆脱后天社会因素的影响。

个性的培养是一个系统工程，家庭、学校、社会、媒体等会共同发力，影响社会中的个体。其中，家庭的影响最为重要。家庭被称为"影响儿童个性的第一工厂"，家庭氛围、父母榜样等都会对个性造成影响。其次，社会的影响也不容忽视。当影视媒体被大量"花样美男""霸道总裁"充斥，儿童长期耳濡目染，便会将此作为自己模仿的榜样，进而造成阴柔有余，阳刚不足的状况，或者将"霸道"当成优秀品质，养成过度以自我为中心的特点。再次，学校对儿童个性的形成也有重要影响。来中国访问的德国学者卡尔用一年的时间来接触许多中国孩子，在访问结束回国前，他深有感触地对一位中国学者说："在我们德国，即使一个家庭的两个孩子,区别也是非常明显,为什么那么多中国孩子,生长在不同的家庭,但是,他们在行为方式上却是惊人地相似?"卡尔所讲的相似与当前的学校教育有很大关系。在高考指挥棒的作用下,当学校对竞争、成功、拼杀、超越等关键词过分强调时,学生很容易形成"成王败寇"的价值观念,表现出短视的、功利主义的行为方式,长久来看反倒不具备持续发展的能力。

个性的培养是一个系统工程,有很多方面需要注意。针对中国的家长,在这几个方面需要给予额外的重视:第一,重视孩子个性中自信心的培养,父母的肯定和鼓励是孩子自信心最重要的来源,哪怕孩子取得微小的进步,也要及时地给予鼓励,使孩子获得成功的快乐,一点一滴的肯定,最终将累积成孩子强大的自信心;第二,重视孩子个性中主动表现精神的培养,父母要鼓励孩子大胆地表现自己,增强自信心,拓宽孩子的思路,使孩子养成善于尝试的习惯,通过尝试得以创新,发现别人没有发现的东西,比别人赢得更多的机会,从而使自己处于有利的竞争地位;第三,重视孩子个性中自我精神的培养,父母要鼓励孩子勇于表达自己的主张,尊重孩子自己的选择,不强迫孩子的意愿,增强孩子的自立能力和创新意识。

作为一个企业管理者,合理运用个性理论对于组织具有实际应用价值。个性能够说明、预测和控制个人的行为和绩效,合理运用个性理论能够提高企业的管理水平。管理者要根据员工的个性类型合理地使用员工，做到适才适岗，人尽其才；根据个性特点采取不同管理方法；管理者应使个性特点在领导层中发挥作用，即领导成员以各种不同个性的人组成为宜，只有扬长避短，各显神通，才有可能提高管理水平。

5.2 你心中的三个小人
——本我、自我和超我

西方有一句谚语，一仆不可侍奉二主。但是有个叫"自我"的仆人有点例外，他同时侍奉着两个厉害的主人：一个是高高在上、盛气凌人的"超我"，另一个是刁钻刻薄、十分难缠的"本我"。超我这个主人出身高贵，冷酷无情，他长期以道德和良心作为自己的行动准则，任何不符合要求的行为他都要打压。超我对自己要求高，对别人要求更高，他根本不会给自我这个仆人一丝一毫喘息的机会，自我的一切活动都要受到他全天候的监视。

自我还有另外一个主人叫本我，本我信奉享乐主义，只要能让自己感受到快乐的事情他都爱做。本我的要求和欲望很多，其中有一些是不符合道德规范的，这使得他很难得到满足。但是忠实的仆人自我还是想方设法创造条件来满足主人的欲望和要求。自我长期无休止地周旋于两个严厉的主人之间，悟性也有了很大提高，一方面他调整心态，面对现实，变被动为主动，迎接各种挑战，另一方面他做"和事佬"，在不得罪超我的情况下，尽可能满足本我的欲望。通过他的左右逢源，把主仆关系处理得相当和谐。

本我、自我、超我这一仆二主，其实在每个人的心中都有。一个体重已经严重超标的人立志节食减肥。可是当他面对满桌的美味佳肴时，他忍不住动心了。这时，超我就会跳出来，严厉地指责："一个没有意志力的人终将难成大器。"而本我则吞着唾沫，嗤之以鼻："享受人生，享受美味，否则这辈子就白活了。"眼看两位主人又要打起来了，自我赶紧出来圆场："不妨来点凉拌黄瓜和白水煮青菜吧，味道虽然清淡但也无碍减肥大计。"

人就是在本我、自我、超我这三个小人的争吵、纠缠、斗争中做出各种抉择的。下面我们就来正式认识一下他们。

在现代西方心理学的人格理论中，精神分析学派的人格理论是最有影响力的理论之一，它以潜意识理论为基础，对人格进行了三个层次的划分。图5.1是潜意识理论与人格理论的对应关系。弗洛伊德认为，人格是一个整体，它由本我、自我、超我三部分组成。

本我是人格结构中最原始的部分，他从出生之日起就已经存在。他像一匹桀骜不驯的马，总想自由驰骋。他是一个人动物性的部分，目的就是满足自己饥、渴、性等欲望。他行事的原则是快乐原则，只要欲望被满足，本我就开心快乐，如果不能被满足，就要苦苦挣扎，努力挣脱束缚。

第五章 成为你自己

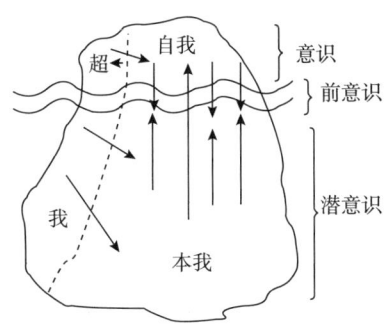

图 5.1　精神分析学派潜意识理论与人格理论的关系

如果说本我是一匹马，自我就是骑在马背上的人，他驾驭着本我，控制着本我的前进方向。本我在人两岁后便逐渐建立起来，他行事的原则是现实原则。本我的欲望如果不能被现实满足，自我就会迁就本我，在现实世界允许的情况下，采用变通的方法可以实现本我的需要。自我处在潜意识和意识之间，就好像把守在监狱门口的狱警，不让监狱中的本我逃出来，又负责把本我需要的"饭菜"送进去。

超我是人格结构中居于管制地位的最高部分，大约在人5岁后对社会文化道德规范有了初步认识，超我就会逐渐建立起来。超我代表着良心和道德标准，他按照道德原则行事。他负责管制、领导自我，他会命令自我不能满足本我的无理要求，而应该表现出高尚的行为。例如，一个小学生，在邻居家里看到桌上有一张钞票，本我的贪欲指使小学生不声不响地据为己有，换成自己喜欢吃的零食；超我则会严厉制止这种行为，告诉小学生"偷

183

窃是违反道德准则的行为"；自我则会在据为己有和道德品质之间斡旋调停，指挥小学生主动帮助邻居修剪草坪，进而得到邻居的感谢和报酬。在不触怒超我的情况下，满足了本我的愿望。图 5.2 用漫画的形式揭示了三者之间的行事原则。

图 5.2　本我、自我、超我的行事原则

通常情况下，本我、自我、超我三者处于平衡协调状态，从而保证了人格的正常发展。精神分析理论认为，人格发展的顺序依次分为五个时期，在人格发展的每一阶段，身体都有一个相应部位成为力比多兴奋和投注的中心。

口腔期（0~1.5 岁）的个体主要靠吮吸、咀嚼、吞咽、咬等口腔活动获得快感与满足。若口腔期婴儿在吮吸、吞咽等口腔活动中获得满足，长大后会有正面的口腔性格（oral character），如乐观开朗，反之，若此时期的口腔活动受到过分限制，使婴儿无法由口腔活动获得满足，长大后将会滞留下不良影响，称为口欲滞留（oral fixation），将来会有负面的口腔性格，如口腔性依赖（oral dependence）。它是一种幼稚性的退化现象，指个体遇到挫折时，不能独立自主地去解决问题，而是向成人（特别是向父母）寻求依赖，有一种返回母亲怀抱寻求安全的倾向。另外还有口欲施虐（不自觉地咬人或咬坏东西的口腔倾向）及悲观、退缩、猜忌、苛求等负面的口腔性格，甚至在行为上表现出咬指甲、烟瘾、酗酒、贪吃等。

肛门期（1.5~3岁）的幼儿发现粪便排泄时可以解除内急压力得到快感，因而对肛门的活动特别感兴趣，并因此获得满足。如果父母能够配合幼儿发展进行排便训练，幼儿长大后就会具有创造性与高效率。如果父母训练过严，与儿童发生冲突，则会导致所谓的肛门性格（anal character），一种是肛门排放型性格，如表现为邋遢、浪费、无条理、放肆、凶暴等；另一种是肛门便秘型性格，如过分干净、过分注意条理和小节、固执、小气、忍耐等。因此，弗洛伊德特别强调父母应注意对儿童大小便的训练不宜过早、过严。

性器期（3~6岁）的个体认识到两性之间在解剖学上的差异和自己的性别，性器官成了儿童获得性满足的重要刺激，表现为这个时期的儿童喜欢抚摸生殖器和显露生殖器以及性幻想。这一阶段，儿童表现出对性的好奇，由此产生一些复杂的心理状况。在这一阶段,儿童的性爱对象也发生了转移。男孩出现了俄狄浦斯情结(也叫恋母情节)和阉割焦虑,女孩出现了恋父情节。这一阶段也是儿童人格形成的重要阶段。儿童在行为上模仿父亲或母亲,因此男孩的性格很像父亲,女孩的性格很像母亲。另外,在性器期很容易发生力比多的停滞,以致造成许多行为问题,如攻击和各式各样的性偏离等。

潜伏期(6~12岁)的儿童由于道德感、美感、羞耻心和害怕被别人厌恶等心理力量的发展,性欲望被压抑,儿童中止对异性的兴趣,倾向于多和同性者来往。这个时期的最大特点是对性缺乏兴趣,男女儿童的界限已很清楚。但是性力的冲动并没有消失,而是转向今后社会生活所必须的一些活动——学习、体育、歌舞、艺术、游戏等。这是通过升华作用的机制实现的,也是性欲望在发展过程中的一种更有目的的作用。儿童在这时期若遇到不良的引诱,就会产生各种性偏离。

生殖器期(12~18岁左右)持续到青春期及成年期,亦是性成熟期,其特征是异性爱的倾向占优势。人们会建立成熟的性关系,并伴有创造性活动。精神分析关于儿童的性,尤其是恋母情结的提出,引起了其他学派的不满。但弗洛伊德的信徒却认为,这个情结不仅在精神病的产生中起着重要的作用,而且在个体的正常发展上也有重要的影响。从现代的眼光来看,精神分析的人格理论在解释人的个性形成与行为方面有着重要贡献。

5.3 韦小宝凭什么可以娶到七个老婆

——环境对个性的影响

金庸武侠小说《鹿鼎记》中的主人公韦小宝是一个出身低贱、目不识丁、道德水准也不怎么高的小人物。但就是这样一个市井泼皮无赖,最终不仅受到皇帝的宠信,得到了高官厚禄,做了鹿鼎公,而且还抱得美人归。小说中,韦小宝先后娶到了七个老婆,其中不仅有皇室成员,名门闺秀,更有武林正宗,武学高手,最重要的是这七个老婆个个貌美如花,对小宝热爱有加。这样一个并无过人之处的韦小宝,为什么可以赢得这些美人的青睐呢?

有人分析说,是因为韦小宝的个性好。他灵活善变,进退有度,嫉恶如仇,心存善良,对朋友讲义气,心胸宽大;也有人分析说,是因为他追女人的手段高明,为了得到美人心,他脸皮厚,手段阴,使尽各种招数,死缠烂打,不达目的不罢休;还有人说,是因为他的爱情价值观值得称道,韦小宝虽然多情但很专一,对每一个老婆都付出真爱,甚至为了她们不惜牺牲自己。

纵观这些分析似乎都有道理，但如果拨开这些表面因素看本质的话，你会发现，韦小宝这些个性、手段、处世之道、价值观的背后有一个总的根源，这就是他的成长环境，是这个特殊的环境造就了这个独一无二、让人又爱又恨的韦小宝。

韦小宝是地地道道的江湖出身，他出生在扬州一家妓院，妓院生活给了他最初的人生体验和观察。妓院里以女人为主，这使得他对女性有一种天然的亲近感；妓院里有很多说书人，这使得他从小便懂得江湖道义，崇拜英雄豪杰；妓院里人来人往，龙蛇混杂，逢场作戏，这使得韦小宝学会了见什么人说什么话，知道怎样投其所好；在妓院里，他见惯了侮辱与欺压，见识了人性中最丑陋、最残酷的一面，这使得他的适应性超强，韧性超强，做事没有规矩，不讲章法，只要能达到目的，就不惜采用任何手段。

可以说，韦小宝童年的特殊环境为韦小宝积攒下了"醉卧花丛"的所有"本钱"。所以，童年的成长环境对每一个人的个性、习惯等都有着深远的影响。

社会认知理论是美国著名心理学家艾伯特·班杜拉在20世纪70年代提出的一种学习理论，它批判了人类行为的单向决定论——个人决定论和环境决定论，强调人类的行为是个体认知与环境交互作用的产物。

班杜拉认为，人的行为，特别是人的复杂行为主要是后天习得的。行为的习得既受遗传因素和生理因素的制约，又受后天经验和环境的影响。生理因素的影响和后天经验的影响在决定行为上微妙地交织在一起,很难将两者分开。

班杜拉认为行为习得有两种不同的过程。

一种过程是通过直接经验获得行为反应模式,班杜拉把这种行为习得过程称为"通过反应的结果所进行的学习",即直接经验的学习。斯金纳箱里的小白鼠学习按压杠杆并受到奖励,就属于直接经验的学习。

另一种是通过观察示范者的行为而习得行为的过程,班杜拉将它称之为"通过示范所进行的学习",即间接经验的学习。而间接经验的来源则是环境。个体通过对环境中他人行为的观察,并进行模仿,进而固化并纳入到自己的行为模式中,形成个性。中国传统故事"孟母三迁"讲的就是通过改变环境中的榜样来改变儿童观察学习的对象,进而引导儿童行为发生改变。"孟母三迁"的故事比社会认知理论的提出早了上千年,但其核心理念却与之异曲同工,遥相辉映。

不仅环境对行为会有影响,个体因素(认知)、行为因素和环境因素三者之间都是相互影响、相互依赖和相互决定的。这种观点被称为"相互决定论"。

该理论关注三种作用机制:(1)认知与行为的交互反映了行为受到人的思维影响,比如说人的期望、目标、信念会支配和指导他的行为方式,即人怎么想就怎么做,行为的反馈结果也会引起个体的情绪反应;(2)环境与行为的交互则反映了人的行为可以决定环境社会形态,即有什么样的环境条件,就要求采取相应的方式，同样也会受到环境的修正，使之满足人们的需要；（3）认知与环境的交互反映了人的意识和认知能力并不是一成不变的，而是受到环境中社会影响的修正，同时个体的人格特征也决定了他生活的社会环境。需要了解的是，相互关系并不意味着双方的影响在力量上是对等的，其间交互作用的模式也不是同时发生和固定不变的。

由前所述可知，健康行为的形成不可能由个体在脱离环境影响状态下独立完成。所以培养健康的行为，不仅需要个人主观意愿，更需要良好环境的影响。因此，社会认知理论带来如下几点启发：

首先，注重榜样教育，学会观察学习。观察学习是通过观察他人的行为，获得示范行为的象征性表象，从而引导学习者做出相应的行为过程。通过观察别人的行为结果，来调节自己的行为，从而认识环境中事物的规律，进而改变自己的行为、思想模式、情绪反应及价值观。所以，创设有良好榜样的环境，才能习得健康的行为模式。

其次，充分发挥自我效能的作用。自我效能感指个体对自己是否有能力完成某一行为所进行的推测与判断。通过恰当的榜样示范和言语说服并培养个体良好的自我效能，增强其成就感和自信心，比如通过榜样示范，了解示范者解决问题的策略，参考其表现来判断自身的效能。

最后，发挥个体的自我认知调节对于其行为的影响。重视个体在社会化过程中依据自己的价值标准对自己的行为做出奖励或惩罚，通过改善教育环境帮助个体树立正确的是非价值标准，使行为在环境和认知因素的影响下得到改进。

5.4 重赏之下必有勇夫吗

——动机的激发

中国有句古话:"重赏之下必有勇夫",意思是说,在丰厚赏赐的刺激之下,一定会有勇敢的人接受任务(挑战)。无论是古代的帝王将相,还是当今的企业管理者,都将此话奉为箴言,他们纷纷设置诱人的物质或精神奖励,期望能激发员工的工作动机,创造高绩效。但是,"重赏"一定可以激发人的工作动机吗?"重赏"要想奏效,需要什么边界条件吗?

美国加利福尼亚大学的学者做了一个实验,把6只猴子分别关在3间空房子里,每间两只。第一间把香蕉放在地上,第二间中的香蕉从低到高以不同高度挂在适当的位置上,第三间中把香蕉系在天花板上。5天后,研究人员打开三个房间的门,发现第一、第三个房间的猴子都死了,但第一个房间的香蕉全吃完了,第三个房间天花板上的香蕉一根没动。只有第二个房间的猴子还活着,而且大部分香蕉都吃完了。原来,第一间的猴子一见到香蕉,争先恐后抢食,一天内就把香蕉全吃光了,最终只能饿死,第三间的猴子眼睁睁地看着香蕉,怎么跳也够不着，最终在绝望中死去。只有第二间房子的猴子是先跳着吃比较低的香蕉，再依次吃再高一点的。在逐步努力的过程中，弹跳能力大大提高，最后竟能吃到靠近天花板的那些香蕉了。

同样是"重赏"，设置方式不同，会产生完全不同的效果。如果目标高不可攀，不切实际，容易让员工泄气，丧失信心，打击工作积极性；如果目标过低，则容易让员工满足现状，闲置资源，得不到最大化的锻炼；只有将目标设置在略高于员工实际能力的水平上，让员工"跳一跳，够得着"，才能让员工斗志昂扬地朝目标进发，"重赏"才能真正起到作用。看来，动机的激发不能单纯靠奖励，在奖励设置的方式上，获得奖励的过程上都要多用心思才能达到效果。

"需求"与"需要"是日常生活中常常被人们混用的两个词。在心理学上，这两个词有着不同的含义。需求指的是个体客观的匮乏状态，如没有吃饭的人有进食的需求，没有睡觉的人有睡觉的需求。需要是人脑对生理需求和社会需求的反应，也就是对匮乏状态的心理表达。需要表现为人对某种目标的渴求和欲望，是心理活动与行为的基本动力。可见，需要推动着人们在各个方面积极活动，使人朝着一定的方向，追求一定的目标，以求得这种需求的满足。没有需要，也就没有人的一切活动，需要越强烈，由它引起的活动也就越有力。

动机是由特定需要引起的，是由一种目标或对象所引导、激发和维持个体活动的内在心理过程或内部动力，是满足需要的意念活动。动机对个体活动的功能体现在三个方面：一是引发功能。动机好比发动机，人类的各种活动总是由一定动机引起，没有动机就没有活动。二是指引功能。动机好比指南针，它使活动具有一定的方向，并使个体朝着预定的目标前进。三是激励功能。当动机引发个体产生某种活动后，活动能否坚持同样受到动机的调节与支配。当活动指向个体所追求的目标时，相应的动机便获得强化，因而某种活动就会维持下去，相反，当活动背离个体所追求的目标时，就会降低活动的积极性或活动完全停下来。

需要和动机是有区别的。需要是人积极性的基础和根源，动机是推动人们活动的直接原因。人类的各种行为都是在动机的作用下，向着某一目标进行的。而人的动机又是由于某种欲求或需要引起的。需要、动机与行为三者之间的关系见图5.3。当人们产生某种需要时，心理上就会产生不安与紧张的情绪，成为一种内在的驱动力，即动机，它驱使人选择目标，并进行实现目标的活动，以满足需要。需要满足后，人的心理紧张消除。然而过程并不到此结束，在一段时间之后，新的需要会再次产生，再引起新的行为，这样周而复始，循环往复。

俗语所谓"人比人，气死人"讲的就是这个道理。一个骑自行车上下班的人在看到同事都拥有了私家轿车之后，会产生"买车"的需要。这种需要不能满足时，人时时处于羡慕嫉妒甚至焦虑状态之中。这种负面的感受被称为"心理紧张"。这时人产生了买车的动机。人一边努力工作为买车做资金的准备,同时还关注汽车、车牌、车险等信息。一旦万事俱备,一辆崭新轿车被纳入麾下,人的需要被满足,紧张感就消失了。但是事情不会就此结束,在一段时间之后,当发现周围的同事都开始了更新换代,由普通家用轿车升级到了奢华豪车时,人的需要、紧张感、动机再次产生,再次敦促人进入到周而复始的循环当中。由此可见,将自己的物质欲望控制在适当的程度是获得幸福感的重要手段。

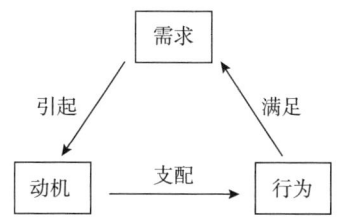

图5.3 需要、动机与行为的关系图

对于动机不足的人,如何激发其工作动力呢?心理学研究提出一个公式:

$$动机 = 期望 \times 效价$$

也就是说动机的高低有赖于两个因素,一是期望值,即达到目标的可能性。二是效价,即达到目标后带来的获益感受。只有在达到目标的可能性大,达到后奖励又很诱人的情况下,才能带来高动机;任何一个因素偏低都将影响整个动机水平,导致其降低。

这就给管理者、教育工作者等带来启发:要提高员工的动机,首先要设定恰当的目标水平。过高的标准带来较低的期望值,让员工望而生畏,即便设立诱人的奖励措施,也令员工觉得可望而不可及,不会带来好的激励效果。其次,所设立的奖励措施对于员工要有高的效价。同样是2万元的奖金激励,对于年薪百万的人而言,其效价并不很大,但对于年薪5万的人来说,那将是一个诱人的目标。所以2万元的奖金奖励对于前者的激励作用就小于后者。回到开篇提到的那个问题,"重奖"之下会不会有"勇夫"取决于两个因素,一是这个"重奖"是不是"勇夫"此刻最看重、最需要的;二是获得"重奖"的前提条件是不是高不可攀的。只有在"勇夫"看重"重奖",同时经过努力很有可能实现目标获取"重奖"的情况下,"重奖"才能起到真正的激励作用。

5.5 为什么贾宝玉爱上林黛玉，而非薛宝钗
——价值观

《红楼梦》中贾宝玉和林黛玉的爱情悲剧被人们所熟知。凡是读过《红楼梦》的人都知道，黛玉和宝玉两人心意相通，深爱彼此，但最终却没能逃脱命运的安排，一个香消玉殒，一个被迫娶了自己并不钟爱的薛宝钗。为什么贾宝玉深爱林黛玉，却不爱薛宝钗呢？

是因为薛宝钗不美吗？据书中描述，薛宝钗"脸若银盆，眼同水杏，唇不点而红，眉不画而翠"，她与林黛玉，"一如姣花，一如纤柳，各极其妙"，也是个难得的大美人；是因为薛宝钗个性不好吗？据书中描述，薛宝钗举止娴雅，恪守妇德，品格端方，行为豁达，比起"小性儿"的林妹妹，薛宝钗的个性已属不错；是因为薛宝钗无情吗？书中描述，薛宝钗孝顺薛姨妈、体贴湘云、保护香菱、关爱邢岫烟，宝玉挨打后，更是殷勤探看，虽是"冷美人"但也温柔多情；是因为薛宝钗无才学吗？小说中，每次诗社做诗，薛宝钗的才学可以和黛玉比肩，就连贵妃贾元春也感叹："终是薛林二妹之作与众不同，非愚姐妹所同列者。"那么，

在各方面都毫不逊色的薛宝钗,为何不能获得贾宝玉的喜爱呢?

究其原因,价值观是最重要的原因。宝黛二人都有着与当时社会主流价值观大相径庭的叛逆性格,他们鄙视封建文人的庸俗,诅咒八股功名的虚伪,并且敢于在被封建礼教束缚的时代勇敢追求爱情。而薛宝钗的头脑里则浸透了封建主义思想,她是一个忠实地信奉封建道德和封建礼教的淑女。她认为按封建道德规范去做是天经地义的事,认为读书求功名走仕途是人间正道,所以她很自然地做到了"四德",也经常以仕途经济学问劝谏宝玉。这使得贾宝玉与薛宝钗在对世界的根本看法上有着质的差异,也就不难理解为什么二人即便最终成为夫妻,举案齐眉,生活也少了一点爱情的味道了。由此可见,二人要想情投意合,价值观的相近是必备条件之一。

价值观是指导人们行动的准则,是一个人对周围客观事物以及对自己行为结果的意义、作用、效果和重要性的总评价、总看法。人们对客观事物的取舍,往往根据各自的主观需要和个人好恶决定,有用的、喜欢的、偏爱的则被看成是有价值的,反之,则被认为是无价值的。可见,价值观对人们的行为具有重要的驱动、制约和导向作用。

那么人的价值观念是怎样形成的?是受遗传的影响还是后天环境的影响?对此,有研究者通过对分开抚养的双胞胎进行研究,发现大约40%的价值观念来自遗传。父母的价值观在解释子女价值观时起重要作用,但环境因素的影响也使得大部分的价值观发生了变异。由此可以知道，影响价值观形成的主要因素是遗传、家庭教育、社会影响和后天学习、教育等。

价值观具有三种特性：一是相对稳定和持久性。价值观是思想认识的深层基础，经逐步培养而成，一旦形成便相对稳定，不轻易改变。二是可以改变性。由于环境改变、知识增长、经验积累，人们的价值观也有可能随之发生变化。三是独特性。不同成长背景、年龄、不同历史年代的个体会产生不同的价值观。

曾有研究者对当代青少年价值观进行调查，结果发现在初中生的价值观中，世界和平、祖国强盛、社会安宁是最重要的事；对于高中生而言，纯真友谊、事业成功、才智敏捷是他们认为最有价值的内容；对于大学生而言，事业成功、身体健康、美满婚姻是他们最重视的。从初中生的"世界和平"到大学生的"美满婚姻"，不难发现，随着年龄的增长，青年人的关注点越来越小，价值观越来越务实。这一方面是件好事情，因为只要社会中每一份子都做好自己的工作，过好自己的生活，经营好自己的小家庭，那么社会这个大单元才能运行有序，稳步向前；但另一方面，青年人是未来的希望，我们不仅要关注自己的小世界，还要经常放眼于大世界。胸怀天下，脚踏实地才是青年人应有的襟怀。

价值观是一种多维度与多层次的心理倾向系统。可以根据各种不同的标准对价值观进行分类。根据社会文化生活方式，可以把人的价值观区分为经济价值观、理论价值观、审美价值观、社会价值观、政治价值观和宗教价值观；根据自我–他人维度把价值观区分为自我取向价值观和他人取向价值观；根据工具–目标维度把价值观区分为工具性价值观和终极性价值观等。从价值观的表现形式来看，兴趣、信念、理想等都可以说是价值观的表现形式，也可以说价值观是决定人们的期望、态度和行为的心理基础，在同样的客观条件下，具有不同价值观的人会产生不同的理想、需要、动机和行为。贾宝玉与薛宝钗就是由于价值观不同，造成了他们的理想、兴趣、行为大相径庭。

关于价值观在生活中的应用，有两点建议供参考：

第一，将人生观教育放在最重要的位置。当前家长对孩子的教育都极其重视，但仔细分析不难发现，大多家长都将孩子的智力开发、能力培养、知识学习当作首位，而对于人生观、价值观教育却重视不足。人生观是形成正确价值观的基础，人生观可以帮助个体树立是非观念，确定远大理想、处理好个人和集体、自己和他人的关系，培养高尚的道德情操。有了正确的人生观和价值观作为指引，人生的航船才不会偏离方向；如果价值观不正确，所谓的智商、能力、人脉等都只能让人在"歪路"上越走越远。

第二，价值观的教育要以身作则，良好的榜样示范作用至关重要。身教胜于言传，行动的感召力量远强于语言。政府官员如果在开会时谈的是集体主义，私下干的是利己主义，嘴上讲奉献，行动上只索取，人前讲马列，人后男盗女娼，这样最终会破坏整个社会的价值导向。同样道理，家长和老师在日常生活中，也要将自己所倡导的正确价值理念贯穿于生活细节当中，才能真正对孩子产生影响。

5.6 西游记师徒四人,成功的团队组合
——气质

中国古典神话小说《西游记》中,师徒四人历尽艰险,最终求得正果。分析他们成功的原因,以唐僧为首的取经团队是制胜的秘诀。唐僧是团队的领导,他虽然肉眼凡胎,没有任何降妖除魔的本领,但是他目标明确、品德高尚、信念坚定,虽屡受险阻,但"取得真经,普度众生"的团队目标从来没有变过。更重要的是,他有上级领导(唐王)的授权,更有董事长(佛祖)、CEO(观音菩萨)的支持,由他担任领导指引团队前进的方向是最合适的。另外,从唐僧本身的气质来分析,唐僧是典型的粘液质,他安静稳定,寡言少语,注意力难转移而且很固执,但目标明确,一旦认定绝不轻易放弃。从这个角度看,唐僧作为团队领导也是最佳人选。

孙悟空是这个团队的核心,他精通技术,是业务能手,有想法,执行力很强,也很敬业、重感情,懂得知恩图报,同时孙悟空与各路神仙交好,神魔两界都有关系户,具有很广的人脉关系。这在团队遇到困难寻求外

援时，有很大助益。当然这个团队的核心也不是没有缺点，孙悟空有大闹天宫的前科，脾气也比较急躁，他对取经事宜并不是特别感兴趣，只在乎展现自身能力，达到自我实现。不过，有能力的人肯定有个性，只要扬长避短，把特长发挥极致，就不妨碍他成为团队的核心。另外，从孙悟空的气质分析，他属于典型的胆汁质，直率热情，精力旺盛，行动敏捷，易冲动。这在开拓市场、攻克技术难关等诸多关键时刻都可以发挥作用。

猪八戒是这个团队的润滑剂。猪八戒好吃懒做，贪财好色，意志不坚定，干活不卖力，还时常打小报告。但是不能忽略的是，猪八戒性格开朗，充满活力，沟通能力强，能够虚心接受批评，而且毫无心理压力，心态特别好。他在团队中承担了润滑剂的作用。一个团队如果没有"开心果"，只是一片沉闷的氛围，工作绩效一定不高。另外，从猪八戒的气质分析，他属于典型的多血质，他活泼好动，喜欢交往，跟各色人等都能搞好关系。有了他，漫漫取经路才有了些许生气，显得不那么沉闷。

沙僧是这个团队的中坚力量。他言语不多，能力不强，但任劳任怨，承担了团队中挑担、做饭、喂马这些后勤辅助工作。沙僧虽粗笨无聊，但不可或缺，为团队的成功提供了保障。沙僧富有正义感，忠诚、憨厚、淳朴，对师傅忠心耿耿，对兄弟有情有义，有他在，团队稳如磐石。另外，从沙僧的气质分析，他属于典型的抑郁质，他不善言辞，行动迟缓，孤僻，但善于观察到别人不容易察觉的细节，为完善团队工作，查漏补缺立下功劳。

由此可见，一个团队的成功有赖于德者、能者、智者、劳者的通力配合，也有赖于不同个性特征的人合理搭配。

生活中经常讲到"气质"这个词，指一个人整体的精神面貌。心理学上的气质概念与生活中所言的气质完全不同，是指一个人心理活动在发生速度、灵活性、强度和指向性等方面的一种稳定的心理特征。心理活动的速度和灵活性，主要指知觉的速度、思维的灵活程度、注意力集中时间的长短等；强度主要指情绪的强弱、意志努力的程度等；指向性即个体的心理活动是倾向于外部现实还是倾向于自己的内心世界。在日常生活中，同样是高兴，有人手舞足蹈，有人喜上眉梢；同样是悲伤，有人嚎啕大哭，有人暗自神伤；同样面对冲突，有人大动肝火，有人善于忍耐；同样学习新知识，有人接受得快，忘得也快，有人接受得慢，而一旦记住就不易忘记。这些心理活动的差别就是人们不同气质的表现。

气质是相当稳定的。"江山易改，秉性难移"。有人曾对同卵双生子进行14年的追踪研究，发现他们的气质几乎没有什么变化。当然，气质并不是一点不变，在生活条件和教育的影响下，它可以被掩盖并缓慢地发生变化，使之符合社会实践的要求，但其稳定性是主要的。气质受遗传影响较大。这也正是气质具有稳定性的原因。研究表明，新生婴儿已具有气质差异。在医院婴儿室，可以看到有些新生儿很爱哭，哭起来也很厉害，而有些则文静一些。美国心理学家盖赛尔、斯卡尔及我国心理学家林崇德等对同卵、异卵双生子的研究，均证实了气质的天赋性及个体间的差异性。

不同研究者对气质类型进行了划分，希波克拉底的划分方法得到了当前心理学界的认可。他将气质类型划分为胆汁质、多血质、粘液质和抑郁质四种类型。具体表现如下：胆汁质的个体精力充沛，情绪发生快而强，言语动作急速难以自制，内心外露，率直、热情、易怒、急躁、果断。典型的代表人物有张飞、李逵等。多血质的个体活泼爱动，富于生气，情绪发生快而多变，表情丰富，思维言语动作敏捷，乐观、亲切、浮躁、轻率。代表人物有王熙凤。粘液质的人沉着冷静，情绪发生慢而弱，思维言语动作迟缓，内心少外露，坚韧、执拗、淡漠。代表人物有林冲。抑郁质的人柔弱易倦，情绪发生慢而强，易感而富于自我体验，言语动作细小无力，胆小扭捏，孤僻。代表人物有林黛玉、柳永等。不同气质的人在面对同一件事时，其反应是不同的。下面一幅漫画就表现了不同气质人的特色。人物形象来自于电视剧《武林外传》，你能分辨出他们的气质类型吗？（见图5.4）

气质是一种重要的个性心理特征，在个体与群体活动中发挥着十分重要的作用。在团队管理中，气质与职业的匹配、人员的优化组合等都会影响工作的效率。

首先，在安排特殊工作时注意气质要求的绝对性。例如，胆汁质的人精力旺盛，直率敢言，新闻记者就很适合他们；多血质

心理学是什么

图5.4 不同气质个体的行为反应

的人灵活敏捷，富有创新精神，管理工作适合他们；粘液质的人稳重踏实，注意力不易分散，医生是适合他们的职业；抑郁质的人敏感心细，化验员、质检最适合他们。

第二，在人员优化组合时要注意对不同个体气质的互补性要求。例如在一个团队的领导班子里，如果全部由胆汁质和多血质的人组成，那么这个团队可能会出现急功冒进，考虑不周的情况，如果全部由粘液质和抑郁质的人组成，那么该团队可能会缺乏生气，决策过于保守，缺乏创新精神。只有将不同气质类型的个体合理搭配，才可能做到从多角度全面考虑问题，决策相对最优。

第三，在与团队成员沟通时，要针对不同类型个体的特点使用适合他们的方式，才能在不伤害他们积极性的同时，达到说服教育的效果。例如对胆汁质的个体，要着重培养其制止能力和坚持到底的精神，沟通风格要和缓，不要轻易激怒他们；对多血质的个体要着重培养其扎实、专一的精神，以及勇于克服困难的精神，防止见异思迁。平时工作中要创造条件，给予其活动的机会，一旦犯错误，可以对其进行严厉批评；对粘液质的个体要着重培养其热情、豪爽和生机勃勃的精神，必要时刻要帮助其下定决心，对其批评时要有耐心，要空出其考虑与做出反应的时间；对抑郁质的个体要创造条件帮助他交友，融入集体生活，培养其友爱精神，增强自信心。不宜在公开场合下指责，不宜进行过于严厉的批评。

正是这种不同的气质特点才汇成了多彩优美的生活交响曲，我们既要认识到多彩的人生气质，又能客观评价他人和自己的气质类型，更要取长补短，不断调节和完善自己的气质，做气质的主人。

5.7 别被 A 型性格压弯了腰
——性格与健康

上海这个昔日的"十里洋场"当下有一个神奇的名字——魔都。要想了解这个名字的内涵，不妨以小见大，观察一下身边的人就可窥知一二。笔者有次一大早开车出门，遇到红灯停在路口，一时兴起，想看看四周车子中的大伙儿在等红绿灯时都在做些什么。后方车子中的年轻女孩正在打电话，看表情似乎在和人吵架，手不停地挥动着，目光犀利；右边车子中的中年男性手拿着报纸，他的头忽高忽低，神色紧张，显然想看新闻，又怕错过信号灯变换；而左边的青年男子正在吃早点，左手三明治，右手豆浆，就这么左右开弓地狼吞虎咽。信号灯一变，只见这几个人手忙脚乱地丢下手上的东西，忙不迭地抓紧了方向盘。

又有一天乘地铁出门。尽管早高峰的地铁被塞得像个沙丁鱼罐头，但是里面的乘客却没闲着。有的在用手机看新闻、刷微信，有的在看股票行情，有人在用手机聊天，有个学生模样的小男生在心无旁骛地做英文习题，还有一个姑娘正拿着眉笔化妆，虽然车厢里东摇西晃，但她动作迅速利落，丝毫没有受到影响。原来，魔都的"魔"在于人人都善于特技表演，一心多用，手脚并用，充分利用。这一点在工作的场所表现得更突出。

笔者曾在一个高档写字楼里看过一个经理神乎其神地演出。只见他右肩夹着手机正在说话，右手却同时在敲着电脑键盘回电子邮件，三秒钟后眼睛一转，左手伸到传真机前去拿文件，一会儿桌上的座机响起，他抓起听筒用左耳听。他就像只八爪章鱼，在办公室不停地张牙舞爪，快速挥动着手臂，令人眩晕。

魔都的人儿，你不累吗？这种一心多用，争分夺秒，追求完美的状况，看来似乎挺有效率，但却很容易造成心理压力。可能魔都的人会说：我已经习惯了，一旦慢下来浑身都不自在，觉得自己是在浪费生命。如果你真的有这样的想法，很抱歉，可能由于职业的长期影响，你已经形成了"A型性格"，而这种性格也叫"冠心病性格"，是一种从大量患有心血管疾病的人身上总结出来的性格特征。A型性格的人要特别注意压力管理，以免赔上健康，甚至产生过劳死的悲剧。

那么，到底什么是A型性格，性格与健康有怎样的关系呢？

爱因斯坦说："智力上的成绩，取决于性格上的伟大。"性格是指人对现实的态度以及与之相适应的、习惯化的行为方式及个性心理特征。性格主要体现在对自己、对别人、对事物的态度和所采取的言行上，所以，不同的态度、不同的行为就构成了不同的性格。同样是面对"人间诸景备"的大观园，贫苦出身的刘姥姥因为在其中生活一两天而兴奋不已，幸福感十足，而天天生活其中的林妹妹却经常触景生情，顾影自怜。同样是面对长江，苏轼发出了"大江东去，浪淘尽，千古风流人物"的慨叹，李后主则唱出了"问君能有几多愁，恰似一江春水向东流"的悲歌。人物的性格不同、心境不同，看世界的角度也大相径庭。

一般来说，性格是由遗传因素和后天环境相互作用的结果，其中遗传因素是前提条件，后天环境（家庭、学校、社会）却对性格的形成起着决定性的作用。正是这些因素共同造就性格的多样性，因此，这个世界上很难找到性格完全相同的两个人。一般说来，性格在一段时间内常常是稳定不变的，但如果环境发生变化，人为了适应环境，性格也有可能发生缓慢的变化。所以生活中有时会发现，上学时熟识的同学十几年或者几十年后再见，性格变化很大，这有可能是工作环境变化造成的性格的改变。

对于性格的划分，不同的心理学家有不同的划分结果，最常用的就是将性格划分为内向型和外向型。心理学家弗里德曼则根据人们在时间上的匆忙感、紧迫感和好胜心等特点，将性格分为 A 型性格和 B 型性格。A 型性格的人脾气比较火爆、易被激惹、遇事易急躁、不善克制、喜欢竞争、好斗、爱显示自己才华、时间观念强、办事速度快、说话快等。

A 型性格具体表现为：运动、走路和吃饭的节奏很快；对很多事情的进展速度感到不耐烦；总是试图做两件以上的事情；无法处理休闲时光；着迷于数字，他们的成功是以每件事情中自己获益多少来衡量的。A型性格有两个最大的缺点：好胜心强；缺乏耐性。

如果你在看展览时常常感到讲解员的解说速度太慢，等不及听他讲解就自行看完所有展厅；如果你和朋友约会时，总是提前到达约定地点，并不断打电话催促对方；如果你去买一样喜欢的零食，发现排了很长的队伍，你宁可不吃也不愿等待；如果你总是想在有限的时间里尽可能多做事情，但每次都完不成预想的任务，因此而倍感沮丧，那么，你很有可能就是一个A型性格的人。

随着社会节奏的加快和竞争意识日益激烈，当今社会上A型性格人群有上升趋势。有调查显示，上海地区A、B型性格人群的比例为16∶10。A型性格人群的急剧增长与日益增加的工作生活压力有关。A型性格对身体健康有不良影响，罹患冠心病的人当中，A型性格的人占了大多数，因此A型性格也被称作"冠心病性格"。有研究表明，长寿者80%以上属于B型性格，A型性格人却很少；美国中央卫生研究院把A型性格与高胆固醇、吸烟、高血压并列，称为"心脏的第四危险因子"。

与A型性格对应的是B型性格，表现为：没有时间上的紧迫感；不以成就和业绩当作衡量成功的标准；充分享受娱乐和休闲时间；充分放松而不感到愧疚。B型性格不会对健康带来太多不利影响，但 B 型性格的人时间观念淡漠，成就动机不足，如果任由 B 型性格发展而不加约束可能会造成懒散、无上进心等问题。

对 A 型性格的矫正，应该保留其性格中做事利索、工作投入等好的品质，但对"敌意"思想和行为，要加以矫正，为解除 A 型人在心理上和生理上造成的困扰，建议 A 型性格的人：制定一个符合自己实际能力的目标；在时间安排上要预留回旋的余地；严格划清工作与休息的界限；培养业余爱好，增加生活情趣；经常参加体育活动，提高机体承受能力。A 型性格的人只要优化"个性"，摒弃"敌意"情绪，完全可以扬长避短，做到身心健康，事业有成。

5.8 "最强大脑"周玮，天才还是智障

——能力与天才

2014年1月17日晚，江苏卫视《最强大脑》中出现了一个特殊的客人，他名叫周玮，来自山西五台县，是一个有语言障碍、曾被诊断为"中度脑残"的年轻人。从节目现场的表现来看，周玮在沟通能力、反应能力方面明显弱于常人，但是在拿到数学算式时，周玮却表现出了惊人的数学天赋。他能自己推导等差数列，对自然数的高次幂运算、两位数、三位数以及四位数之间的相乘，高位数的开平方、开立方等，都能迅速给出正确答案，而且无需借助任何演算。电视节目播出之后引来了无数人的惊叹，人们称周玮为"中国雨人""中国的霍金"，认为他是天才。当然，周玮的表现也引来了诸多质疑，"打假斗士"方舟子就质疑他受过训练，节目中的表现是靠记忆背下来的结果。事后，周玮在母亲陪同下接受了上海交通大学、华东师范大学专家的行为及脑测试。经过两天测试，专家认为，周玮是在计算，而不是在回忆。周玮的心算能力不算顶级，但远超常人。不过，周玮的智商只有56分，如果按照常规的解

释,这个分数属于智障的范围。那么,周玮到底是天才,还是智障呢?

要回答周玮是天才还是智障的问题,要首先了解天才、智力、能力的概念。能力是指人们顺利地完成某种活动所必须具备的个性心理特征,能力包含两重含义:一是已经表现出来的实际能力,这是个人在先天遗传基础上,经后天环境中努力学习的结果;二是尚未表现出来的心理潜能,是个体具有的可能性。根据能力使用的领域,可将能力分为一般能力和特殊能力。一般能力指人从事各种活动所具备的基本功能,如观察力、记忆力、想象力等,一般能力的综合被称为智力。特殊能力指人在某种专业活动中所具备的能力,如音乐家区别旋律的能力、音乐表象能力和节奏感等。

智力是综合的认知能力。大多学者已达成共识,智力即指一般能力,是感知、记忆、思维等各种认知能力的综合,以抽象思维能力为中心。美国心理学家卡特尔主张将智力分为流体智力和晶体智力两种。流体智力是先天的,指在信息加工和问题解决过程中所表现的能力,它决定于个人的禀赋,很少受后天教育因素的影响。晶体智力是后天习得的,是指获得语言、数学知识的能力,与社会文化有密切的关系,主要由后天教育和经验决定。中年之后流体智力有下降的趋势,而晶体智力在人的一生中是稳步上升的。

人与人智力发展水平存在很大差异,为什么会造成这种差异？先天因素和环境教育因素是两大主因。先天因素主要指遗传素质。例如差异心理学的开创者弗朗西斯·高尔顿从小就聪颖过人，两岁半开始阅读儿童读物，3岁时学会签名，4岁时他能写诗，5岁时已能背诵并理解苏格兰叙事诗《马米翁》，6岁时已精熟荷马史诗中的《伊利亚特》和《奥德赛》，7岁能欣赏莎士比亚名著。成年后其研究领域更是横跨人类学、气象学、地理学、优生学、心理学，并在每个领域都有卓越贡献，被称为"维多利亚女王时代最博学的人"。他与"进化论"的提出者查尔斯·达尔文是表兄弟。

如果说遗传素质为智力的发展提供了可能性，那么环境和教育则把这种可能性变为智力发展的现实性。环境教育因素对智力发展的作用不可低估，产前环境（即母体内的环境）就已经对胎儿智力发展有重要的影响，出生后有组织、有方法的学校教育对智力的发展具有特殊的意义。

目前关于智力的测验多是采用科学方法编制的量表来测量智力水平，而目前使用最多、效果最好则是比纳-西蒙智力测验和韦氏智力测验。其中比纳-西蒙智力测验是"智商"一词的来源。一般来说，大部分人的智商在90~140之间，智商在70~90之间者被称为智力不足，低于70者则被认为是智力障碍，但如果智商达到140以上，则被认为智力超常，超常智力的人在总人口中所占比例不到1%。

智力超常的人是不是就是天才呢？并不是这样。天才是能力的独特结合，是多种能力高度发展并完备结合的产物。它表现在能独立地、创造性地、高效率地完成某种活动上。单一的能力，即使达到高度发展水平，也不能称为天才。比如有非凡的记忆力，但没有高度的理解力、概括力以及其他能力与之相结合，是不可能独立地、创造性地完成某项活动的，因此只有高度发展的记忆能力不能称作天才。其他能力的单一发展，也是如此。从这个意义上说，周玮的确算不得天才。那么，周玮这种超常的计算能力又是怎么回事呢？

电影《雨人》在1989年获得第61届奥斯卡最佳影片奖，其中的主人公就是一个与周玮类似的人，他的人物原型名叫金·匹克。他在历史、文学、地理、数字、体育、音乐等15个不同领域有着超凡天赋。与此同时，他在其他一些领域则显得有些"弱智"，比如在自己家里找不到抽屉，不会穿衣服等。这一类人所表现出的特点被称为学者症候群，俗称"白痴天才"，有认知障碍，但在某一方面，如对某种艺术或学术，却有超乎常人的能力。

"白痴天才"的心智发展程度之低和他们的特殊天分之高形成了强烈的对比。白痴天才最常见的类型有四种：艺术、速算或其他数学技能、日历推算技能和机械/空间技能。医学界仍然在研究这种病的成因，但不少专家认为，当左脑受损后，右脑负责弥补代偿左脑失去的功能，从而激发大脑在某一方面发挥出潜能，表现出在某项事物中的特异功能。